JE CHERCHE À COMPRENDRE

ISBN 978-2-330-10938-7

JOËL DE ROSNAY

JE CHERCHE À COMPRENDRE

LES CODES CACHÉS DE LA NATURE

essai

BABEL

Avant-propos

Le titre de ce livre, *Je cherche à comprendre*, est la phrase qu'a prononcée le professeur Jacques Monod le jour de sa mort, survenue il y a quarante ans, en présence de sa famille. Non seulement cette phrase résume l'œuvre de sa vie, mais elle ouvre également sur le mystère de l'au-delà.

Jacques Monod, prix Nobel, a été mon maître scientifique et à penser. Il a contribué, en 1975, à me faire revenir à l'Institut Pasteur, où j'avais effectué les travaux de ma thèse de doctorat, pour me nommer directeur des applications de la recherche, et a également joué un rôle déterminant dans mon séjour de chercheur/enseignant post-doctorant aux États-Unis, en particulier au MIT (Massachusetts Institute of Technology). Ce livre est une façon pour moi de lui rendre hommage.

Depuis le début de mes études scientifiques, je cherche, à ma manière, à comprendre le pourquoi et le comment de l'unité de la nature, ainsi que les codes cachés qui la déterminent. Mon approche de scientifique agnostique a été enrichie par ma réflexion sur l'œuvre de Spinoza autant que par la vision du jésuite philosophe et scientifique Pierre Teilhard de Chardin. Une approche philosophique plutôt éclectique qui m'a permis de garder une ouverture d'esprit vis-à-vis de mes collègues scientifiques et philosophes, croyants ou athées, et de leur vision du monde.

Arrivé à un stade de ma vie et de mon expérience qui m'engage à prendre un certain recul, je voudrais témoigner dans ces pages d'un certain sentiment de spiritualité, sans connotation religieuse, qui a émergé de mes recherches pour comprendre l'ordre caché des choses et le sens secret de la nature. Ce sentiment est né d'un émerveillement et d'une révélation sur la simplicité des codes naturels qui conduisent au jaillissement, dans l'espace et dans le temps, de formes d'une extrême diversité et d'une grande beauté. Une morphogenèse qui a passionné des penseurs comme Pythagore ou Alan Turing, et qui se poursuit par le travail et l'œuvre des hommes. Ce travail est désormais mis en cause par les extensions du corps et du cerveau humains que représentent l'intelligence artificielle (IA) et les robots.

Introduction

«Le miracle de l'univers, c'est que l'univers a créé une partie de lui-même destinée à étudier l'autre partie, et que cette partie, à s'étudier elle-même, finit par retrouver le reste de l'univers dans sa propre réalité naturelle et intérieure.»

John C. Lilly, chercheur (1915-2001)

«La religion de l'avenir sera une religion cosmique. Elle transcendera l'idée d'un Dieu incarné, évitera les dogmes et la théologie. Couvrant à la fois le domaine naturel et spirituel, elle se basera sur un sentiment religieux, né de l'expérience d'une unité significative en toutes choses, naturelles et spirituelles.»

Albert Einstein, *Comment je vois le monde*, religion et science, *The New York Times Magazine*, 9 novembre 1930.

Depuis le début du XXe siècle, on sait, grâce aux travaux des scientifiques, que la matière évolue du plus simple au plus complexe, et que de cette complexité émergent des propriétés nouvelles. L'aspect passionnant de ce processus dynamique et évolutif est le fait que la nature parvienne à faire apparaître des propriétés nouvelles à chaque seuil de développement tout en restant économe de ses moyens. Comme une sorte de magicienne, elle reproduit les mêmes «tours» – les mêmes «trucs», pourrait-on dire – à chaque étape, obtenant des résultats nouveaux et de plus en plus diversifiés.

Cette économie de moyens permet à des structures, mais aussi à des fonctions, d'atteindre différents niveaux de complexité, en particulier lors du passage de l'infiniment petit à l'infiniment grand. Les cristaux, les organisations de microbes, les coquillages, la forme des galaxies et les structures de l'univers présentent ainsi des similarités étonnantes, illustrant ce que j'appelle l'«unité de la nature». Pour les croyants, point de mystère dans tout cela: la volonté du Créateur en est la cause. Pour les scientifiques, en revanche, quelles que soient leurs croyances, il est fondamental de comprendre le *pourquoi* et le *comment* de ces «mystères» de la nature.

L'unité de la nature est donc fondée sur des codes cachés, qui apparaissent si l'on compare des structures et des fonctions provenant de différents domaines de l'univers – physiques, chimiques, biologiques, écologiques, économiques. Parmi ces codes figure le code génétique, dont les mutations permettent l'évolution des espèces. Les nombres et lois de Pythagore, la suite de Fibonacci ou le nombre d'or sont autant d'autres codes cachés dont les scientifiques s'efforcent de percer les signes et les mystères.

Mon objectif n'est pas d'expliquer les causes de ces codes. Je cherche surtout à dévoiler la façon dont le codage naturel, ou celui des hommes, conduit à des formes aussi étonnantes et énigmatiques. Il apparaît en effet que la progression de l'unité de la nature par une évolution antérieure à l'homme et qui se poursuit avec lui se traduit par des structures souvent inexplicables, mais présentant une convergence entre elles.

Comment des codes permettent-ils de susciter dans le cerveau des hommes des émotions positives ou négatives susceptibles d'être partagées, que l'on parle de musique ou de peinture, ou même de règlements contraignants ?

La définition du mot « code », mot clé de ce livre, est : textes de loi et règles permettant la régulation d'activités et de fonctions, qu'il s'agisse d'humains, de machines ou d'ordinateurs. On parle ainsi des codes civil, pénal, du travail, des impôts ou de la route. Le même mot est utilisé pour certaines inventions techniques : le code-barres, les codes PIN ou PUK de nos smartphones, le code BIC pour les échanges interbancaires, ou encore le code postal pour la distribution du courrier. Ces codes jouent un rôle important dans le fonctionnement de la vie en société, avec des objectifs identiques de régulation et de contrôle.

Comment l'homme, en fabriquant de nouveaux codes, questionne-t-il le sens de sa vie pour programmer et contrôler les actions humaines et les fonctions des machines – en éliminant le travail, par exemple, ou en favorisant l'émergence d'une *intelligence augmentée*, fondement d'une nouvelle humanité ? Se pensant parfois homme-dieu, il entre en concurrence avec la nature, jusqu'alors seule détentrice des secrets de la diversité et de la variété des formes de l'univers.

Les codes naturels ont permis la complexification de la matière jusqu'à atteindre des états différents *par émergence de propriétés nouvelles.* J'entends par « propriétés nouvelles » le passage de la vie à la pensée, puis de la pensée à la société. De l'amibe à l'homme qui pense, puis de l'homme pensant à la société organisée en réseaux telle que nous la connaissons aujourd'hui, il a fallu l'émergence de propriétés nouvelles. Je ne reviendrai pas en détail sur ce phénomène dynamique, systémique et évolutif décrit par de nombreux auteurs, scientifiques ou philosophes. J'apporterai néanmoins un éclairage sur certaines étapes simples, par exemple lorsque des éléments séparés s'associent grâce à des codes de communication pour créer un nouvel état d'organisation. Celui-ci représente une unité elle-même capable de s'associer à d'autres unités de même complexité et, par conséquent, de créer un nouvel état d'organisation avec émergence de propriétés nouvelles, et ainsi de suite.

Les « trucs » et les « astuces » de la nature se poursuivent jusqu'à l'émergence de la société humaine, qui, à son tour, permet de faire émerger une pensée collective à l'échelle planétaire. Il ne s'agit pas simplement d'une pensée collective distribuée, mais bien de la constitution d'une sorte de réseau neuronal (ou de système nerveux collectif) à l'échelle de la planète entière. Ce « cerveau planétaire[1] » en cours d'émergence représente l'étape actuelle de l'évolution de l'humanité. Ce réseau intelligent est constitué des êtres humains, des prothèses

1. Pour reprendre le titre de mon livre paru aux éditions Olivier Orban en 1986.

numériques que sont les ordinateurs, des liens et interconnexions établis grâce à l'écosystème numérique, et il fonctionne comme un véritable cerveau humain. Un cerveau doté de capacités extraordinaires d'apprentissage et d'adaptation, ainsi que d'une intelligence et d'une conscience collectives. Ce système nerveux global commence à être capable d'imaginer, d'apprendre, de traiter des informations complexes, comme le fait le cerveau humain.

L'homme symbiotique est en train de naître sans même que nous nous en rendions compte. Comment le codage naturel de la matière et de la vie, repris et poursuivi par l'homme grâce aux codes et règles de fonctionnement de la vie en société et aux codes informatiques, peut-il conduire à une nouvelle humanité? Par un cheminement initiatique allant des codes cachés de la nature à la révolution de l'intelligence artificielle et à l'hyperhumanisme, on s'ouvrira à l'aventure spirituelle que vivent ou ont vécu des penseurs qui montrent la voie.

Au cours des siècles passés, des scientifiques, des philosophes, des artistes, ont mis un nom sur les similarités, symétries et harmonies de la nature. Le mathématicien italien Leonardo Fibonacci a inventé une suite de nombres, baptisée depuis « suite de Fibonacci », qui servira de modèle mathématique, notamment pour étudier la dynamique des populations. Elle permet de définir des ratios, dont le plus connu est le fameux « nombre d'or ». Utilisé pour décrire les proportions naturelles des formes minérales, végétales ou animales de l'univers, celui-ci a inspiré des architectes, des musiciens, des biologistes, mais aussi des chercheurs en économie et en sciences sociales, en passant par les traders et les démographes d'aujourd'hui.

Dans le même ordre d'idées, la théorie du chaos démontre que des variations minimes se produisant dans des systèmes à l'équilibre instable peuvent conduire à une auto-organisation de la matière ou des réseaux et engendrer des formes complexes ressemblant à celles du vivant. Tout comme la théorie du chaos, les structures fractales, découvertes par le mathématicien franco-américain Benoit Mandelbrot, ont permis d'envisager le monde sous un prisme nouveau. S'emboîtant comme des poupées russes, elles révèlent l'homologie de structures, du micromonde au macromonde. Sans entrer dans les détails mathématiques, j'entends décrire à l'aide d'exemples sous quelle forme ces différentes structures existent dans la nature, et montrer à quel point leur conservation pose un problème extraordinaire et fascinant.

Si l'on prend l'exemple des cellules vivantes, leurs interconnexions aboutissent à la création d'organismes vivants fonctionnels pluricellulaires. Ces derniers, eux-mêmes connectés les uns aux autres par différents modes de communication, vont constituer un ensemble social ou, plus exactement, sociétal. Il en va ainsi des sociétés d'insectes ou des populations animales d'une même espèce. Dans le cas de l'homme, les échanges physiques, notamment par les flux matériels et surtout, désormais, par les connexions numériques, forment un ensemble sociétal se comportant comme une sorte d'organisme vivant planétaire. Nous devenons progressivement les neurones d'un « cerveau planétaire », ainsi que je l'ai écrit dans mon livre *L'Homme symbiotique*[1] en 1995.

Les hommes reliés par l'intelligence connective, collaborative et collective utilisent des codes pour programmer ordinateurs et robots dans des dimensions et des applications impensables jusqu'alors : de l'intelligence artificielle au «*deep learning*[2]», des robots mécaniques aux nanorobots biologiques, en passant par l'extension par l'homme de ses fonctions cérébrales ou musculaires. Ce processus va-t-il prolonger l'unification de la nature ou provoquer une rupture dangereuse pour l'humanité ? Va-t-il aboutir à une nouvelle concurrence homme/machine ? En tant que scientifique, je m'interroge sur une telle évolution, qui peut être génératrice soit d'une harmonieuse symbiose avec nos propres créations, soit d'une désintégration conduisant à la mise en danger de l'humanité, comme le craignent certains scientifiques et entrepreneurs internationaux. Pour vivre aujourd'hui et prévoir demain, je cherche à comprendre en regardant le monde au «macroscope[3]».

L'émergence d'une *nouvelle humanité* disposant de capacités intellectuelles et cognitives *augmentées* par l'intelligence artificielle éclaire l'avenir. Elle conduit à l'avènement de l'*Homo symbioticus*, un homme symbiotique naissant, en coévolution avec le monde des

1. Joël de Rosnay, *L'Homme symbiotique. Regards sur le IIIe millénaire*, Seuil, 1995.

2. *Deep learning* : terme apparenté à l'intelligence artificielle. Apprentissage profond qui permet à un programme de reconnaître une image ou de comprendre le langage parlé.

3. Joël de Rosnay, *Le Macroscope. Vers une vision globale*, Seuil, 1975.

machines et des ordinateurs. Ce faisant, elle remet en cause la notion même de travail humain et, par son intermédiaire, l'unité de la nature. En effet, Karl Marx écrit: «Le travail est de prime abord un acte qui se passe entre l'homme et la nature. L'homme y joue lui-même vis-à-vis de la nature le rôle d'une puissance naturelle.» C'est par son travail que l'homme transforme la nature. Il agit ainsi comme puissance naturelle. Mais quelle puissance organisatrice transforme l'univers? C'est ce que je cherche à comprendre.

Les mêmes processus de coévolution, d'interconnexion et d'émergence peuvent se retrouver dans le monde des microbes et des insectes sociaux (fourmis, abeilles, termites), qui fonctionnent selon des principes analogues. Sans aller jusqu'à nous comparer à des insectes sociaux, il apparaît que nous partageons avec eux des réflexes, des comportements et des formes d'évolution. Cette étonnante similitude, l'économie des «trucs» utilisés par la nature et son unité ont conduit le prix Nobel de médecine et biologiste français François Jacob (1920-2013) à suggérer un terme évocateur: la nature «bricole», reprenant un élément d'une forme ou d'une fonction et le transposant dans une autre.

J'écris que la nature «prend» un élément et le «transpose», comme si elle agissait, mais nous savons que cette «action» est le résultat des lois de probabilités. De même que les processus de mutation et de sélection naturelle mis en lumière par Darwin, le hasard agit comme un générateur aléatoire de diversité. Certaines formes survivent, d'autres disparaissent. Il suffit d'un changement minime amplifié par la reproduction pour conduire à la conservation et à la survie d'éléments de base. Ce processus se poursuit jour après jour, de manière accélérée, les mutations se trouvant prolongées par les inventions, les innovations, qui créent du discontinu, de la disruption [1].

Aujourd'hui, il devient plus difficile de prédire les évolutions exponentielles auxquelles nous sommes confrontés dans les domaines scientifique, technologique, économique et politique, parce qu'elles conduisent à des changements qui surviennent dans des délais inimaginables il y a encore une cinquantaine d'années. Mon message vise à alerter les prospectivistes, les politiques, les économistes, les scientifiques, non seulement sur la vitesse de ces évolutions, mais surtout sur les interdépendances émergentes entre intelligence artificielle, robotique, travail humain et modifications de l'« ADN » d'Internet. Mal comprises, ces évolutions peuvent engendrer des mouvements tels que le transhumanisme, qui sépare l'individu de la collectivité, mais aussi faire naître une peur de l'intelligence artificielle et des robots intelligents. Mieux intégrées à nos réflexions et actions prospectives, elles peuvent en revanche mener à une nouvelle étape de l'évolution de l'humanité.

Cette nouvelle étape est l'entrée dans l'ère de ce que j'appelle l'*hyperhumanisme*[2]. Les hommes pourraient

1. L'innovation disruptive est une innovation de rupture, par opposition à l'innovation incrémentale, qui se contente d'optimiser l'existant.

2. J'ai proposé cette idée pour la première fois, en relation avec celle de l'intelligence artificielle et des robots, dans « Intelligence artificielle : le transhumanisme est narcissique. Visons l'hyperhumanisme », L'Obs. Le Plus, 26 avril 2015 : http://leplus.nouvelobs.com/contribution/1358339-intelligence-artificielle-le-transhumanisme-est-narcissique-visons-l-hyperhumanisme.html.

devenir «plus humains» plutôt que «transhumains» grâce à l'intégration des technologies numériques, de la robotisation et, paradoxalement, de l'intelligence artificielle dans leur vie personnelle ou professionnelle. C'est bien d'une symbiose avec l'homme dont je parle, d'une augmentation plutôt que d'une réduction. Cette évolution démontre l'unité de la nature et la manière dont elle se poursuit à travers nous. Elle existe non seulement dans les molécules, les cellules, les végétaux, l'expansion de l'univers ou les galaxies, mais aussi au cœur de ce qui nous intéresse le plus: la société humaine et son avenir. En comprenant mieux les lois de la nature, on peut mieux interpréter et anticiper les nouvelles formes d'organisation de notre société, et aussi prévoir le pire. Car, au lieu des interdépendances, des liens, des flux, de la complexité et de la symbiose, nous pouvons imaginer une évolution vers plus d'individualisme, d'égoïsme, de concurrence, d'atteinte aux libertés et de renforcement des inégalités. Nous devons donc nous préparer à repenser l'individu non pas comme séparé, isolé d'autrui, en concurrence avec lui, mais comme un individu relationnel, interdépendant avec le monde, un être en processus, et non une identité close. Comme on le verra, c'est ce qui distingue l'approche hyperhumaniste, proposée dans ce livre, de l'idéologie transhumaniste, soutenue par de nombreux scientifiques et philosophes dans le monde contemporain. Nous devons donc transformer nos systèmes d'éducation et d'apprentissage pour préparer l'avenir, en tenant compte de la métamorphose du travail humain et de l'accélération exponentielle de notre évolution scientifique et technique.

L'unité de la nature évoque depuis longtemps une puissance organisatrice chez des philosophes ou scientifiques croyants ou non, comme Spinoza, Hegel, Einstein, ou, plus près de nous, chez Hubert Reeves ou Yves Coppens, avec lesquels j'ai eu le plaisir et l'honneur de collaborer à un livre commun : *La Plus Belle Histoire du monde*[1]. Ce sont leurs approches philosophiques de l'unité du tout qui m'ont conduit à m'interroger sur une telle puissance organisatrice dans l'évolution de la matière vers une complexité croissante. Des questions résultant aussi de mes recherches pour ce livre et qui apparaissent en filigrane dans mes précédents ouvrages, en particulier *Le Macroscope*, *L'Homme symbiotique* et *Surfer la vie*[2]. Cette quête est à l'origine de mon émerveillement. La beauté et l'unité de la nature, souvent invisibles aux non-scientifiques, et la révélation d'un sens caché des choses sont susceptibles de rendre cohérente l'image que je me fais de l'univers. C'est cette vision et cette image que j'ai choisi de vous faire partager.

Même si je cherche encore à comprendre…

1. Collectif, *La Plus Belle Histoire du monde*, Seuil, 2004.

2. Joël de Rosnay, *Surfer la vie. Vers la société fluide*, Les Liens qui libèrent, 2012.

CHAPITRE 1

Les codes cachés de la nature et l'apparition de formes dans l'espace et le temps

La systémique, en étudiant l'interdépendance des éléments au sein de systèmes complexes, a permis de créer des ponts entre les disciplines. Grâce à cette approche, l'unité de la nature n'a jamais été aussi prégnante dans des domaines aussi différents. Depuis l'arrivée de l'ordinateur, chaque étudiant est capable, à l'aide de programmes très simples, de simuler l'apparition de formes complexes dans l'espace ou de rythmes réguliers dans le temps, et d'admirer la complexité des structures générées par le numérique. Il s'agit bien d'« admirer », car, derrière la régularité et l'harmonie de ces formes, nous découvrons une symétrie cachée, une beauté et une mystérieuse unité, comme l'ont bien mis en évidence Pythagore, Turing ou encore Fibonacci.

La morphogenèse[1] dans l'espace et dans le temps, les oscillations périodiques, les autorégulations et les

1. La morphogenèse est la génération de formes différentes dans l'espace, par exemple des formes géométriques ou ressemblant à des structures vivantes.

auto-organisations sont à la source de mon émerveillement. Ma passion pour ces phénomènes remonte à l'époque de mes études de chimie et de biologie. La naissance de formes régulières dans l'espace (spirales, dunes de sable, vagues dans l'océan…) a toujours nourri ma curiosité, d'autant que ce phénomène se produit, comme on va le voir, par auto-organisation, sans aucune programmation, et, plus surprenant encore, sans finalité. Expliquer l'émergence de ces formes va me permettre d'illustrer à quel point l'unité de la nature est présente à tous les stades de complexité de la matière, de la vie et des sociétés humaines et animales. Des taches du pelage des animaux aux formes régulières des coquillages et des plantes, en passant par les amibes sociales, la forme des galaxies ou l'organisation des villes, la simplicité des codes mis en œuvre lors du «bricolage» de la nature en révèle le sens secret et fascinant, tout en questionnant notre propre existence d'êtres humains.

Il existe aussi des «formes dans le temps». Elles se traduisent par des répétitions, des rythmes, des oscillations régulières et périodiques dont la reproduction spontanée étonne les scientifiques. Comme je l'ai mentionné dans l'introduction, la théorie du chaos et les structures fractales, définies à partir d'équations mathématiques permettant la prédiction de phénomènes, connaissent de nombreuses applications dans des domaines aussi divers que la biologie, l'économie ou la météorologie. On les voit par exemple à l'œuvre dans la reproduction cellulaire, l'évolution des cours de la Bourse ou l'apparition des ouragans. La prédiction mathématique des formes, structures, interrelations de masses, oscillations temporelles, a permis de définir les grandes lois scientifiques de l'univers, notamment la loi de la gravitation d'Isaac Newton, la transmission électromagnétique du physicien écossais Maxwell ou la relativité d'Albert Einstein. Plus précisément, on constate dans ces formes spatiales ou temporelles la récurrence d'une base sous-jacente et constante que j'ai précédemment décrite comme un « truc » ou un « tour » de la nature, et qui suscite la réflexion sur les mystères de son unité. C'est cette base et son unité qui attirent depuis longtemps l'attention de grands mathématiciens, chercheurs et philosophes.

LES MYSTÈRES DE L'HARMONIE DES FORMES : PYTHAGORE, TURING ET FIBONACCI

Pythagore[1] pense la nature comme une « œuvre d'art ». Sans ajouter à cette expression une quelconque connotation panthéiste, on peut néanmoins en être intrigué. Ainsi, pour le philosophe grec, tout dans la nature tend vers l'unité.

Considérons la morphogenèse dans l'espace. Pythagore a découvert qu'il existait une relation étroite entre la longueur d'une corde vibrante et les sons qu'elle produit, plus particulièrement leur fréquence. Il est possible de modifier la fréquence du son en pinçant cette corde. En procédant ainsi sur plusieurs cordes à la fois, on crée ce que les pythagoriciens ont appelé une « combinaison harmonique des contraires », c'est-à-dire une unification des multiples et un accord des opposés. La musique est

1. Pythagore (environ 580 av. J.-C.-495 av. J.-C.) : philosophe, réformateur religieux, mathématicien grec.

donc une combinaison harmonique des contraires (on parle d'ailleurs de « théorie des contraires »).

Pour les pythagoriciens, le monde est une combinaison de nombres qui tend à l'harmonie. Pythagore était convaincu, en effet, que « tout est nombre », que toutes les choses fondent leur nature sur des nombres : ces derniers sont les éléments de tout ce qui existe. Si le son n'est qu'une vibration dans l'espace, comment un accord harmonieux peut-il procurer à ceux qui l'écoutent autant d'émotions et de telles sensations de beauté et de plaisir ?

Et d'ailleurs, d'où nous vient le sens de l'harmonie ? Certes, ce sentiment varie selon les cultures, mais des constantes demeurent. Un ensemble considéré comme harmonieux, qu'il s'agisse d'architecture, de musique, d'un objet, d'un visage ou d'un corps, repose sur l'association de nombres. C'est une relation entre des nombres qui provoque, par la vision ou l'audition, une réaction du cerveau et du corps.

Comme certains d'entre vous, sans doute, il m'est arrivé de perdre d'un coup tout le contenu de mon ordinateur : textes, mails, photos, vidéos, adresses, souvenirs de famille, projets à mettre en œuvre ou en cours… Pourtant, grâce à des sauvegardes sur des disques externes, la totalité des informations disparues a pu être restaurée en quelques clics. Quand tout fut rétabli (chaque chose à sa place et dans sa séquence temporelle), je fus saisi d'une forte émotion : photos de famille, discours d'anniversaire, musiques favorites, images de voyages ou de vacances étaient revenus du monde obscur des nombres et des bits. Toutes mes émotions étaient donc bien présentes, mais sous forme de nombres, de codes cachés, incompréhensibles, et pourtant bien réels.

Ce sont ces codes cachés de la nature, puis ceux générés par les hommes, notamment dans les codes sources de programmation de l'intelligence artificielle et des robots, qui sont à l'origine de cette émotion que je cherche à comprendre et à transmettre.

LES ÉTONNANTES PROPRIÉTÉS D'UN CODE CHIMIQUE UNIVERSEL

Les théories du mathématicien et informaticien Alan Turing sont d'autres exemples passionnants de la genèse et de l'harmonie des formes. Ce génie anglais est l'un des pères fondateurs de l'informatique avec Shannon et Von Neumann. Il est connu du grand public pour avoir permis aux Alliés de déchiffrer « Enigma », le code secret utilisé par les sous-marins allemands au cours de la Seconde Guerre mondiale. Condamné pour homosexualité par le gouvernement britannique en 1952, Turing se suicide deux ans plus tard, à l'âge de 42 ans, en croquant une pomme empoisonnée au cyanure. En 2009, le gouvernement de Sa Majesté se repentira d'avoir persécuté ce scientifique exceptionnel, puis décrétera une « Année Turing » en 2012, centième anniversaire de sa naissance.

Turing est moins célèbre pour ses théories de la morphogenèse, la genèse de formes complexes. En tant que mathématicien, il se passionnait pour ce problème : comment la nature fait-elle pour construire et faire émerger, à partir de codes simples, des formes aussi variées que celles observées chez les espèces vivantes animales ou végétales ? Dès 1952, dans un article majeur, « The chemical basis of morphogenesis » (Les fondements chimiques de la morphogenèse), il propose un modèle mathématique pour expliquer la formation de structures non uniformes dans un milieu initialement homogène résultant d'une variation spatiale des concentrations des espèces chimiques (dites « morphogènes »).

Avant de publier ses théories sur la morphogenèse, Turing avait eu l'intuition que des codes chimiques étaient à la base de toute genèse de formes vivantes et de leur diversité. Il avait anticipé la découverte du code génétique et de la structure en double hélice de la molécule d'ADN, révélée dans la célèbre publication de Watson et Crick en 1953. Un an plus tôt, il écrivait : « On suggère qu'un système de substances chimiques, appelées morphogènes, réagissant entre elles et diffusant à travers un tissu, peuvent expliquer le principal phénomène de la morphogenèse. »

Sa notion de « morphogène » est à la base de la biologie du développement, car, dans l'embryogenèse, des substances chimiques dont la concentration fluctue déterminent certains tissus et organes. Il appelle morphogènes des molécules qui se renouvellent très rapidement et participent à des réactions génératrices de formes. Elles diffusent dans les tissus vivants plus lentement que d'autres molécules déterminant des formes ou des taches de couleur. Par conséquent, il existe une corrélation entre la formation rapide de ces molécules et leur lente diffusion. Cette étroite relation conduit à des variations périodiques de densité moléculaire se traduisant par des pics sur les courbes de mesure de concentration. Ce phénomène est très important durant la formation de l'embryon, par exemple, car il spécifie la spécialisation des cellules et le devenir des tissus : tel endroit de l'embryon deviendra une jambe, une nageoire ou une série de rayures ou de taches sur la peau. La séparation périodique entre deux pics dépend uniquement du phénomène de diffusion. Le mécanisme général proposé par Turing permet d'observer plusieurs phénomènes : structures stationnaires, oscillations, ondes chimiques.

Ces réactions oscillantes relèvent de la cybernétique[1]. Ainsi, une boucle de feed-back négatif – appelé aussi rétroaction négative – tend à rééquilibrer un écart par rapport à une valeur déterminée, essentielle au maintien dans le temps de l'équilibre d'un système complexe. Par exemple, s'il fait trop chaud, le circuit électrique de rétroaction négative, grâce à un thermostat, ferme le radiateur ; il l'ouvrira si la température de la pièce se refroidit. Cette tendance au maintien d'un équilibre dynamique se retrouve dans de nombreuses réactions chimiques ou biochimiques, comme la loi de modération des équilibres de Le Châtelier, sur laquelle je reviendrai.

Ce qu'on appelle désormais les « structures de Turing » est donc, en résumé, la variation de concentration d'espèces chimiques dans l'espace produisant des motifs non uniformes – par exemple, les bandes ou les taches régulières et espacées qui apparaissent sur le pelage de certains animaux (zèbres, girafes, léopards, dalmatiens, chats…) ou la transformation d'un embryon en organisme complet doté de cellules différenciées possédant des fonctions différentes dans des zones définies du corps.

Sans rentrer dans les détails, la théorie de la morphogenèse de Turing repose sur l'association de deux mots :

1. « Cybernétique » vient du grec *kubernetes*, qui signifie gouvernail ou timonier. La cybernétique est la science du contrôle des machines ou de l'énergie par de l'information. Selon Ampère, en 1834, « cybernétique » signifiait « l'art de gouverner les hommes ».

réaction et diffusion. Cette théorie est toujours considérée par de nombreux physiciens comme un élément essentiel des phénomènes d'auto-organisation et de la théorie du chaos. Les colorations qui apparaissent sur la peau des animaux ou la coque des coquillages proviennent essentiellement d'un pigment naturel, la mélanine, qui peut être de couleur noire ou fauve (voir figure 4). Cette molécule, produite par des cellules spécialisées, les mélanocytes, diffuse dans la peau, ou lors de la formation d'une coquille, à des vitesses et des concentrations différentes selon la présence ou non de molécules qui activent ou inhibent la coloration.

Turing explique ainsi ce phénomène fascinant : ces deux types d'activateurs ou d'inhibiteurs agissent en conjonction dans les réactions biochimiques du corps des animaux ou dans celles des plantes ou des coquillages. L'activateur fait émerger dans l'espace un motif particulier (comme une tache ou une rayure) qui s'amplifie par autocatalyse et stimule en même temps la molécule inhibitrice, laquelle se diffuse rapidement dans l'espace et dans des zones plus éloignées. Il se forme ainsi des plages colorées et incolores, espacées régulièrement et provoquant, selon la taille de l'animal ou la forme de sa queue, des taches ou des rayures séparées par des zones non colorées.

Dans ses articles, Turing a écrit avoir été impressionné par les oscillateurs chimiques reproduisant sous forme de cycles réguliers, dans une boîte de Petri [1] qui contenait les produits chimiques, des espaces colorés oscillant entre deux ou plusieurs colorations et générant des

1. Une boîte de Petri est un récipient circulaire en verre ou en plastique muni d'un couvercle et dans lequel les microbiologistes cultivent des cellules vivantes ou des bactéries.

formes régulières – cercles, spirales ou anneaux concentriques. Ce sont les célèbres réactions de Belousov-Zhabotinsky, dont il sera question plus loin.

Le plus étonnant est que nous pouvons aujourd'hui simuler la théorie de Turing en recréant informatiquement les taches du léopard, les rayures du zèbre ou les marques sur des coquillages (voir figures 3 & 4). Ces simulations sont réalisées dans de nombreux laboratoires et sont même à la base de la formation en codage mathématique dans certaines universités internationales. Cela démontre la très grande portée de la théorie de la morphogenèse de Turing dans le cadre de l'unité des mécanismes et processus de la nature. Sa vision prospective du code génétique et de l'ADN a ouvert la voie à de nombreuses recherches sur la genèse des formes complexes à partir de codages chimiques. Mais il reste encore à expliquer comment de tels codes – écrits sous forme linéaire, comme un programme informatique – sont capables de générer des structures se développant dans l'espace en trois dimensions.

La réponse réside peut-être dans le rapprochement entre les théories de Turing et les propositions du mathématicien Leonardo Fibonacci. Des systèmes de réaction-diffusion, en tant que modèle pour la formation de structures complexes (spirales des galaxies, organisation des feuilles dans les végétaux, forme des vagues, assemblage de micro-organismes…), se fondent eux aussi, malgré les différences importantes qui les séparent, sur des réactions locales favorisant la régularité des formes, leur symétrie, leur harmonie, voire leur beauté.

LA MYSTERIEUSE SUITE DE FIBONACCI

Tant d'ouvrages et de livres d'art ont été consacrés à Fibonacci, dit aussi Léonard de Pise, qu'il me semble inutile de revenir en détail sur sa célèbre suite ou sur le nombre d'or évoqués en introduction. Il suffit de préciser que Fibonacci a été frappé par l'homologie de structure révélée par les plantes, par la façon dont les cristaux se construisent dans l'espace (comme des cristaux de neige) ou dont certains éléments se structurent par rotation sur eux-mêmes. C'est le cas des spirales ou des coquillages, par exemple (voir figure 1). Il en a déduit une suite simple composée d'une série de chiffres obtenus en additionnant les deux précédents : 0, 1, 1, 2, 3, 5, 8, 13, 21, 34, 55, 89, 144, 233… Une série qui se retrouve systématiquement dans les structures végétales, animales et minérales. Ainsi, la forme du tube interne des vagues qu'apprécient tant les surfeurs (voir figure 2) rappelle une spirale de Fibonacci.

Toute la beauté de cette série réside dans le fait que le rapport entre des nombres consécutifs reste constant même lorsque l'ordinateur génère des nombres très grands. En d'autres termes, si vous divisez le plus petit par le plus grand, ou encore le plus grand par le plus petit, vous obtenez un rapport constant égal à 0,6180339887 ou 1,6180339887. Ce nombre s'appelle « Phi ». C'est le célèbre « nombre d'or », ainsi que le nombre du rectangle d'or ou du triangle d'or, inventés depuis des siècles dans le pentagramme.

Ainsi, plus on progresse dans la suite de Fibonacci et plus le rapport entre deux nombres qui se suivent (le plus grand divisé par le plus petit) tend vers la valeur du nombre d'or 1,61803. Ce nombre d'or était déjà utilisé par les architectes grecs, comme dans le Parthénon (dont le fronton s'inscrit dans un rectangle d'or). Des peintres et des architectes tels Botticelli, Léonard de Vinci, Dürer, Dalí ou Le Corbusier y ont recouru dans leurs œuvres. Le nombre d'or est souvent associé à des qualités esthétiques particulières et à des proportions harmonieuses.

C'est ce que montrent des sondages effectués sur un échantillon représentatif de la population. On présente aux personnes interrogées une série de rectangles dont la largeur est constante, mais dont la longueur varie. Elles doivent désigner le rectangle qui leur semble le plus esthétique ou le plus harmonieux. La plupart des répondants favorisent le nombre d'or, symbole de beauté. En effet, 76 % des choix concernent des rectangles dont les proportions correspondent à 1/phi, soit 0,618, alors que les autres rectangles ne reçoivent pas plus de 10 % des votes chacun. Le nombre d'or possède un incontestable pouvoir d'attraction.

Dans la nature, on retrouve quantité de motifs évoquant la suite de Fibonacci et le nombre d'or : marguerites, pommes de pin, tournesols, cactus, ananas, étoiles de mer, coquilles de mollusque, galaxies ou cyclones (voir figures 1 & 2). Le nombre de pétales des fleurs est souvent un des nombres de cette suite : 3, 5, 8, 13, 21, 34 ou 55. Ainsi, les marguerites possèdent en général 34 ou 55 pétales. On observe en outre dans certains objets de la nature des spirales dans lesquelles intervient le nombre d'or. Ces spirales d'or s'inscrivent dans un rectangle dont les proportions (le rapport de la longueur sur la hauteur) correspondent au nombre d'or.

De Fibonacci à Alan Turing, des formes diverses et des dynamiques fluides, évoquent les codes cachés de la nature

Figure 1. Structure d'un coquillage selon la spirale de Fibonacci

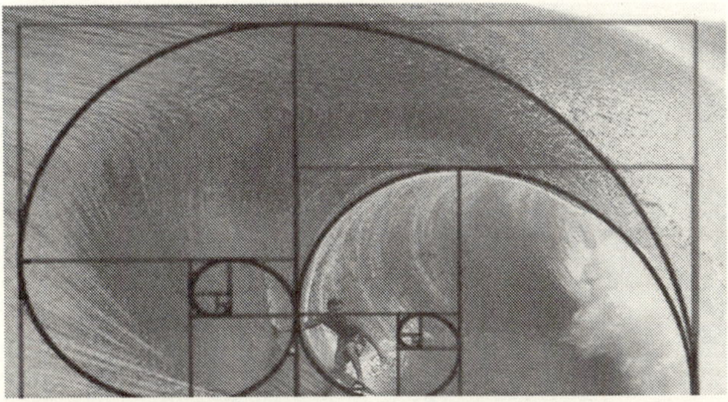

Figure 2. Le tube de la vague et Fibonacci

LES TACHES DU PELAGE DU LÉOPARD, DES GIRAFES, LES RAYURES DU ZÈBRE, AINSI QUE LES FIGURES RÉGULIÈRES DES COQUILLAGES OU DES POISSONS, PEUVENT ÊTRE RECONSTITUÉS PAR ORDINATEUR, SELON LES PROGRAMMES DE TURING.

Figure 3. Les taches du léopard

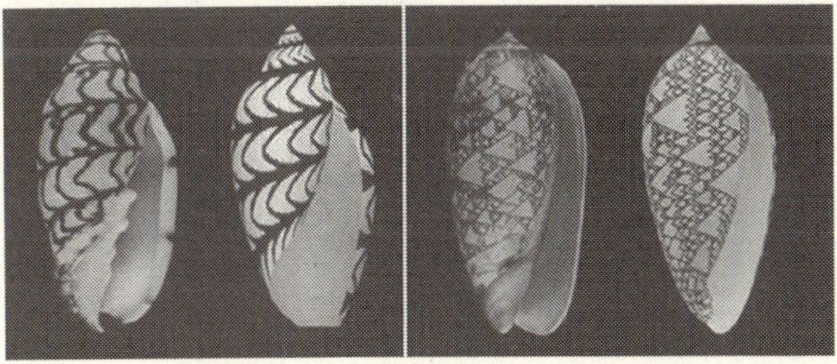

Figure 4. Coquille réelle et par ordinateur

LES BRAS SPIRALÉ DES GALAXIES,
OU LA CONVERGENCE DES AMIBES SOCIALES
POUR CRÉER UN NOUVEL ORGANISME
MULTICELLULAIRE, SE FONDENT
SUR DES NOMBRES ET DES CODES SIMPLES

Figure 5. Galaxie spirale

Figure 6. Spirales du *Dictyostelium*

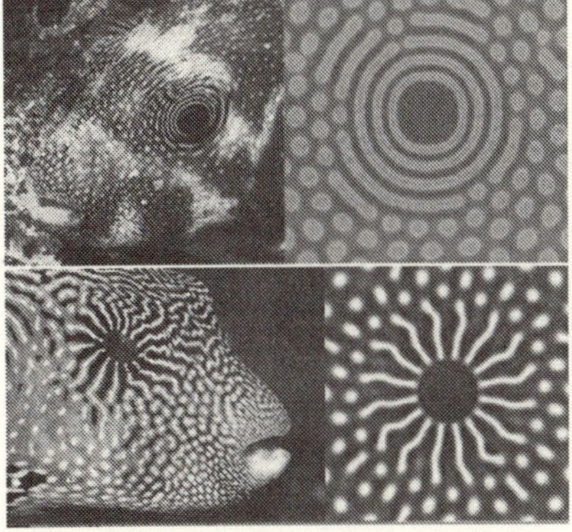

Figure 7. Œil de poisson réel et simulé sur ordinateur

Figure 8. Structures de Turing

MORPHOGÉNÈSE DANS LE TEMPS ET DANS L'ESPACE. LES STRUCTURES OSCILLANTES EN CHIMIE ET IMAGES FRACTALES : CRÉER DU COMPLEXE À PARTIR DU SIMPLE

Figure 9. Réaction de Belousov-Zhabotinsky : une horloge chimique

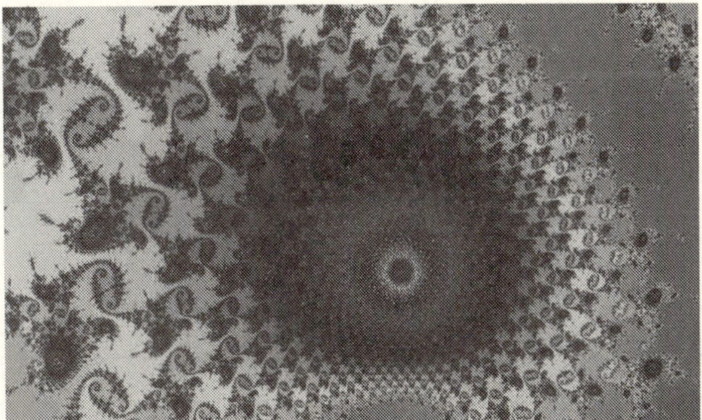

Figure 10. Image fractale produite par ordinateur

En d'autres termes, il est possible de construire une spirale d'or en traçant des quarts de cercle dans chaque carré. Le format des cartes de crédit, cartes de fidélité et autres cartes à puce reprend celui du rectangle d'or.

Pourquoi la nature utilise-t-elle la suite de Fibonacci et le nombre d'or ? Dans le monde végétal, les structures complexes évoluent en créant le moins d'encombrement possible afin de recevoir un ensoleillement maximum pour favoriser la photosynthèse. L'agencement et l'organisation de structures biologiques dans l'espace s'effectuent selon des règles que les scientifiques commencent seulement à découvrir, mais dont Fibonacci avait eu l'intuition.

J'insiste sur le fait que, lorsqu'on parle d'unité de la nature, de la morphogenèse de Turing, de la suite de Fibonacci ou du nombre d'or, il ne faut en aucun cas y percevoir une sorte d'intention créatrice. Malheureusement, ces théories sont exploitées, voire enseignées, par des sectes ou des ordres religieux dans le but de servir une vision dite créationniste ou d'*intelligent design* (dessein intelligent).

DE L'AMIBE AUX GALAXIES : SPIRALES, FRACTALES ET CHAOS

Les questions concernant la genèse des formes appellent d'autres exemples empruntés à la biologie, à l'astrophysique ou aux mathématiques.

Voici l'histoire d'une extraordinaire amibe sociale dont le nom est un poème à lui seul : *Dictyostelium discoideum*. Cette amibe vit dans les forêts, sur des tapis de feuilles mortes, et se nourrit de bactéries ou de levures. C'est un être vivant unicellulaire microscopique très particulier étudié dans de nombreux laboratoires à travers le monde en raison de sa faculté à passer du stade individuel à un stade social, et ce de manière réversible. En d'autres termes, il peut se transformer en élément constitutif d'un organisme vivant composé de plusieurs dizaines de milliers d'autres amibes sans perdre sa capacité à revenir à son état individuel.

Si l'amibe est placée dans un milieu carencé en eau et en bactéries, elle émet un code de détresse sous la forme d'une molécule bien connue des biologistes, l'AMP cyclique. Attirées par cette molécule (car disposant de récepteurs capables de lire et de décoder ce code chimique), les autres amibes forment une sorte de procession, se dirigeant vers un point central qui grossit progressivement en se transformant en un organisme sociétal. À l'œil nu, une sorte de petite limace longue d'un à deux millimètres est visible. Le plus étonnant dans ce phénomène de morphogenèse est que les processions d'amibes forment des cercles ou des spirales ressemblant aux bras des galaxies de l'univers (voir figure 5).

La vie de *Dictyostelium discoideum* ne s'arrête pas là. On voit pousser à la surface de cette petite limace une tige formant une boule au sommet et contenant des spores capables de survivre pendant des mois dans les conditions extrêmes qui ont conduit les amibes à se rassembler. Dès que les conditions redeviennent normales, la boule s'ouvre, libérant les spores, qui redeviennent des amibes individuelles et indépendantes.

Dans mes livres *2020 : les scénarios du futur* et *L'Homme symbiotique*, j'ai traité un autre exemple de structure complexe à partir d'équations très simples :

les structures fractales. Comme nous l'avons vu, ce qui caractérise une structure fractale est le fait qu'elle reste identique à elle-même quel que soit le niveau d'où on l'observe. En observant un objet fractal (un flocon de neige, par exemple) ou une fraction de cet objet, vous constaterez que sa forme se répète à l'identique du plus petit à l'infini.

Les formes fractales ont été mises en lumière par le mathématicien français Benoit Mandelbrot grâce à des équations élémentaires. Il est en effet possible, par codage informatique, de générer des formes et des couleurs permettant d'obtenir des structures très complexes qui ressemblent au vivant (voir figure 10). J'ai souvent eu l'occasion de constater l'étonnement, voire l'émerveillement, des étudiants lorsqu'ils découvraient sur l'écran de leur ordinateur ou de leur tablette des structures évolutives d'une extrême complexité, et souvent d'une grande beauté, générées à partir de codes informatiques tenant en à peine une ligne. Ils avaient l'impression d'avoir recréé la vie, non pas *in vivo*, mais *in silico*!

Si surprenant que cela puisse paraître, et contrairement à ce que pensent certains scientifiques, le simple fait de répéter en boucle les éléments de base d'une forme ou d'une couleur engendre de la complexité. Cette complexité peut naître des interactions chaotiques entre des agents ou des éléments qui produisent de l'ordre à partir du désordre. On en vient ainsi aux observations d'Edward Lorenz, du MIT, qui posait de la manière suivante la question de la prédictibilité d'un phénomène complexe : « Le battement d'ailes d'un papillon au Brésil peut-il provoquer une tornade au Texas ? »

Plus simplement, la théorie du chaos déterministe nous apprend qu'un changement initial, même minime, peut conduire par amplification à des modifications catastrophiques et à la création d'ordres ou de formes de plus grande complexité. Par exemple, des gouttelettes d'eau ou les cristaux de glace d'un nuage subissent des mouvements de convection, des turbulences, des regroupements ou des dispersions chaotiques. Pourtant, au cours du temps, des agrégations se forment ou se déforment, persistent ou disparaissent, contribuant ainsi à créer des structures caractéristiques qui deviendront à nos yeux des nuages (cumulus, stratus ou cirrus) riches en informations et permettant de réaliser des prévisions météorologiques.

Ces formes instables, mais pérennes, sont issues du chaos déterministe. Avec les ordinateurs ou des applications pour smartphone ou tablette, la compréhension et la simulation des processus d'auto-organisation par le chaos déterministe deviennent une réalité. Ces outils informatiques offrent aujourd'hui à de nombreuses écoles et universités, à des centres de formation partout dans le monde et sur Internet, la possibilité d'un enseignement vivant et documenté.

Tous les exemples évoqués jusqu'ici relèvent de la morphogenèse dans l'espace, mais il existe un autre aspect de la morphogenèse encore plus passionnant et intriguant : la morphogenèse dans le temps. Il s'agit des oscillations régulières qui ont pendant longtemps dérouté chimistes et physiciens.

HORLOGES CHIMIQUES ET LUTTES ENTRE PRÉDATEURS ET PROIES

Des réactions chimiques surprenantes par leur régularité et leur beauté montrent que l'unité de la nature se retrouve dans des phénomènes périodiques, des sortes d'horloges chimiques qui renouvellent leurs formes et leurs couleurs au cours du temps. De manière analogue, dans la nature, la lutte entre des prédateurs (requins, renards, fauves) et leurs proies suit des oscillations régulières dans le temps qui dépendent du nombre de proies ou de prédateurs survivants dans chaque catégorie d'animaux, chasseurs ou dévorés. Il me semble important de citer ici les noms des chercheurs, souvent méconnus, qui sont à l'origine des théories chimiques ou mathématiques de ces phénomènes périodiques.

Tout commence par une curieuse réaction chimique donnant naissance à des couleurs différentes qui se renouvellent alternativement dans le temps. Elle est mise au jour par les chercheurs russes Belousov et Zhabotinsky, mais, en dépit d'une étude très détaillée réalisée en 1951, Boris Pavlovitch Belousov ne parvint pas à faire publier les résultats de ses expériences. Ses pairs jugent en effet ses données invraisemblables et contraires aux principes de base de la thermodynamique, selon lesquels une réaction doit atteindre un état d'équilibre durable plutôt que de conduire à la création de cycles périodiques en modifications continues.

Il faut attendre 1961 pour que ses recherches soient enfin prises au sérieux. Dans le cadre de travaux pour sa thèse, Anatol Markovich Zhabotinsky, un jeune étudiant de l'université de Moscou, obtient toute une série de réactions d'oscillations régulières à partir de composés différents. Il observe même des oscillations encore plus variées et plus longues (voir figure 9), étendant ainsi la portée scientifique et philosophique des découvertes mystérieuses et inattendues de Belousov. Surtout, Zhabotinsky réussit à démontrer comment des « formes temporelles », c'est-à-dire une structuration périodique de phénomènes aléatoires par des codes chimique cachés, peuvent conduire à la création d'un ordre non programmé.

Il est une question qui intrigue profondément les scientifiques : pourquoi certaines réactions chimiques se poursuivent-elles, alors qu'elles devraient s'achever une fois atteint l'équilibre entre les réactifs de départ et leurs produits de transformation ? En effet, chimistes et biologistes ont constaté depuis longtemps que deux substances qui interagissent peuvent donner naissance à deux autres produits capables de réagir de manière réversible et de redonner l'apparence et les propriétés du produit initial ! Normalement, la réaction chimique devrait être terminée une fois que tous les produits présents ont pu réagir entre eux.

Ce qui est extraordinaire, c'est la réversibilité symétrique de l'action et de la réaction. Une réversibilité chimique découverte par le chimiste français Henri Le Châtelier (1850-1936), d'où l'appellation de « principe de Le Châtelier » pour désigner l'ensemble des lois et principes des équilibres chimiques qu'il a formulées. C'est selon ce principe que la réaction de Belousov-Zhabotinsky fait apparaître des structures et des motifs non seulement dans l'espace, mais aussi dans le temps. Rappelons que ce sont notamment leurs travaux qui ont inspiré les théories de la morphogenèse d'Alan Turing.

Prenons un exemple : si l'on mélange deux produits chimiques de couleur jaune dans une boîte de Petri, une coloration bleue va progressivement apparaître. Cette réaction se manifeste sous la forme de cercles ou de spirales qui se connectent les uns aux autres en oscillant régulièrement et en passant du jaune au bleu, puis du bleu au jaune, et ainsi indéfiniment. De tels systèmes présentent une périodicité temporelle très stable en se comportant comme des horloges chimiques. Ce qui est fascinant est que l'équilibre généralement attendu n'est jamais atteint. Les couleurs continuent de se modifier pendant longtemps, passant de l'une à l'autre. Ces exemples nous montrent que la genèse des formes n'est pas seulement cantonnée à l'espace, mais intervient également dans l'espace-temps, sur des durées et avec une régularité qui remettent en question les approches chimiques ou physiques classiques.

C'est là qu'intervient un autre apport fondamental aux phénomènes périodiques et répétitifs : les modèles « proie-prédateur » élaborés à partir des équations dites de Lotka-Volterra. Celles-ci ont été mises au point par l'économiste américain Alfred James Lotka en 1925, puis par le mathématicien italien Vito Volterra en 1926, deux chercheurs qui ont révolutionné la description et l'interprétation de l'évolution dynamique des populations.

Les équations de Lotka-Volterra ont permis de créer l'écologie mathématique en expliquant les interactions « prédateurs-proies » et, plus largement, le modèle « ressources-consommateurs ». Ce modèle étudie la vitesse de l'évolution démographique engendrant la surpopulation en même temps que la capacité de produire suffisamment de nourriture pour assurer la survie de l'humanité. Afin de l'illustrer, je vais décrire le comportement d'une population de requins et d'une population de poissons.

Dans un premier temps, les populations de proies et de prédateurs sont numériquement faibles. Puis les proies parviennent à se multiplier très rapidement, car les rencontres avec les prédateurs restent statistiquement rares. Les requins, profitant de cette abondance de nourriture, se multiplient très rapidement à leur tour. Étant de plus en plus nombreux, ils commencent à détruire leur garde-manger ; en effet, comme ils ont éliminé une grande quantité de nourriture, leur population ne tarde pas à voir ses effectifs diminuer, ce qui permet de nouveau aux poissons de proliférer. Les courbes oscillantes montrent tour à tour les prédateurs puis les proies dominer en nombre. Les mêmes courbes peuvent être utilisées pour décrire les oscillations ressources-consommateurs.

On retrouve les principes des réactions de Belousov-Zhabotinsky en remplaçant les prédateurs et les proies par des molécules de type A ou B réagissant entre elles de manière réversible et créant, comme on l'a vu, des oscillations périodiques. Ce type d'oscillations se maintient au cours du temps et entraîne une permanence dans la complexité des interactions communes à de nombreux phénomènes observés dans la nature. Cette permanence, cette récurrence, renforcent la théorie de l'unité de nombreux phénomènes et principes de base sous-jacents.

CHAPITRE 2

Simplicité et beauté des réactions de base de la vie et de l'écosystème

Les conditions permettant la vie sur terre – la température moyenne du globe, la salinité des océans, la composition de l'atmosphère, les composés chimiques de base présents chez tous les êtres vivants – semblent avoir été « réglées » ou « programmées » à l'avance pour être favorables à la vie. Qui en est responsable ? Ou plutôt, quels phénomènes contribuent à cette « finalité » ? Aujourd'hui, la science sait apporter des réponses à ces questions.

QUELLE PUISSANCE ORGANISATRICE A RÉGLÉ LES THERMOSTATS ET LES COMPTEURS ?

La généralité et l'unité des mécanismes et des processus créateurs d'ordre et d'organisation dans la nature sont passionnantes. Il s'agit maintenant de décrire les phénomènes d'autorégulation liés à la création de formes dans l'espace, d'oscillations ou de périodicités régulières dans le temps. Ces phénomènes se produisent selon un mécanisme unitaire dans la nature. Il s'agit d'oscillations qui, par suite du retour d'informations (feed-back ou rétroaction négative), convergent vers un équilibre dynamique qui se maintient dans le temps. Comme le surfeur sur une vague. On les retrouve en biologie, en écologie et en économie.

Des phénomènes d'autorégulation interviennent sans aucune programmation *a priori* et, par conséquent, sans volonté « créatrice », donc sans finalité. Le principe fondamental est l'émergence de valeurs d'équilibre dynamique favorables à la vie. Ce principe d'autorégulation, essentiel au maintien des espèces et de la biodiversité, est conditionné par les populations animales et végétales, elles-mêmes en coévolution avec leur environnement.

La température d'une planète comme la Terre peut se maintenir à un équilibre propice au développement de la vie sans qu'aucun thermostat « global » n'ait été défini par quelque entité créatrice que ce soit. En effet, la température moyenne n'a été fixée par personne : elle a *émergé* du comportement des êtres vivants, animaux et végétaux, et de leur coévolution. Voici deux exemples simples qui illustrent mon propos.

Le premier est le Daisyworld, ou « Monde des pâquerettes », un monde imaginaire sorti tout droit de l'imagination du chimiste et environnementaliste britannique James Lovelock (l'un des pères du concept d'écologie politique et des théories de Gaïa) et conçu par ordinateur. Lovelock défend l'hypothèse selon laquelle les êtres (humains, animaux, végétaux) vivant sur une planète hôte (la Terre, par exemple) se comportent comme un *système global autorégulateur* et, de ce fait, ont une influence déterminante sur leur planète.

Imaginons une planète située à proximité d'une étoile ou d'un soleil dont elle reçoit de la chaleur par le rayonnement infrarouge. Cette planète est peuplée de deux espèces de pâquerettes en compétition l'une avec l'autre : d'un côté, des blanches qui réfléchissent la chaleur (comme la glace ou la neige) ; de l'autre, des noires qui l'absorbent. Supposons maintenant que les pâquerettes blanches se reproduisent plus rapidement que les noires et finissent par recouvrir la quasi-totalité de la planète. En toute logique, la réflexion de la chaleur va refroidir la planète, la température va descendre au-dessous d'un niveau critique, et inévitablement entraîner la mort des pâquerettes blanches. Tout cet espace libéré va favoriser le développement des pâquerettes noires, qui, à leur tour, vont se reproduire très vite. Les noires vont tapisser la quasi-totalité de la planète et la réchauffer par absorption de la chaleur. Au bout d'un certain temps, l'élévation de la température va devenir critique, au point de provoquer la mort des noires.

Il est possible de tracer la courbe de croissance de ces deux espèces de pâquerettes, ainsi que la courbe de décroissance de chacune au profit de l'autre. La courbe de température permet également de comprendre le phénomène : lors de la prolifération des blanches, la température descend au-dessous de 0, par exemple ; elle passe au-dessus de 60 °C lorsque les noires se multiplient. Progressivement, une sorte de damier conduisant à la répartition régulière de zones peuplées de pâquerettes blanches et de pâquerettes noires va à la fois réfléchir et absorber la chaleur, créant un équilibre en aboutissant à une température moyenne stable. Dans ce monde imaginaire, il ne faut pas négliger l'hypothèse de l'accroissement naturel de l'activité solaire. En effet, si le soleil se réchauffait brusquement, le système s'équilibrerait et s'adapterait aux nouvelles conditions[1].

Le second exemple est celui de la salinité des océans. Le taux de sel normal se situe aux environs de 35 grammes par kilogramme d'eau – un taux correspondant approximativement à la salinité du plasma sanguin, comme l'a fait remarquer le biologiste et naturaliste français René Quinton (1866-1925). Théoriquement, les océans devraient être de plus en plus salés, puisque les rivières drainent chaque année 3 à 4 milliards de tonnes de sel dissous. L'eau des océans s'évapore (sans le sel), et cette évaporation réalimente les rivières. Or les océans parviennent à éliminer une quantité de sel égale à celle qu'ils reçoivent. En effet, les éléments chimiques dissous dans l'eau de mer sont extraits par des animaux marins vivants, qui les utilisent dans leurs squelettes ou coquilles calcaires. À la mort de ces organismes, leurs squelettes et coquilles se déposent au fond de l'eau en produisant notamment des sédiments calcaires. Par ailleurs, le transport de gouttelettes d'eau de mer – les embruns portés par le vent vers la terre – assure une rétroaction négative, une autorégulation, qui permet de maintenir la salinité à 35,5 grammes par kilogramme d'eau. Si l'on

1. La température moyenne de la Terre est restée stable pendant des millénaires à 11 °C (même s'il fait –50 °C aux pôles et +50 °C à l'équateur). Depuis quelques décennies, les activités humaines (productrices notamment de gaz à effet de serre) sont accusées de contribuer au dérèglement du thermostat naturel de la planète, avec toutes les conséquences que cela peut engendrer. Les scientifiques les plus pessimistes évoquent le risque d'une augmentation de la température moyenne comprise entre 3 et 4 °C d'ici à la fin du siècle.

transpose cette observation de l'hydrosphère à l'atmosphère, on note que le taux d'oxygène dans l'air se maintient à 21 % de l'ensemble des gaz que nous respirons.

Le taux de sel dans les océans et celui de l'oxygène dans l'air, comme la température moyenne du globe, représentent des conditions «idéales» pour la vie et sa prolongation. Ces conditions résultent-elles de la coévolution entre le vivant et son environnement, associée aux processus unificateurs d'autorégulation et d'auto-organisation? Ou bien est-il nécessaire d'évoquer une puissance organisatrice inexplicable?

LA VIE, UN PETIT COURANT ÉLECTRIQUE ALIMENTÉ PAR LE SOLEIL

Voici deux autres exemples de réactions symétriques fondamentales illustrant l'unité de la nature. Le premier est à la racine de toute vie; le second résulte de l'inventivité des hommes. Tous deux sont inspirants et remarquables par leur complémentarité.

Parmi les couleurs chatoyantes de la vie, celles que nous connaissons peut-être le mieux sont le rouge et le vert, tons complémentaires qui composent la palette des peintres. Commençons par cette simple question: pourquoi les feuilles sont-elles vertes et le sang rouge? Réponse: grâce à la chlorophylle (pigment vert) et à l'hémoglobine (pigment rouge). Deux pigments qui sont à la base de la vie, mais que tout semble séparer, comme la frontière entre le monde végétal et le monde animal. Et pourtant, leur structure chimique de base est très voisine. Sans les plantes, pas d'animaux; sans les animaux, pas de plantes: complémentarité et interdépendance.

Cette symétrie entre la photosynthèse et la respiration est fascinante. Bien que ces deux réactions soient essentielles à la vie, elles sont rarement décrites en relation avec l'unité des mécanismes et des processus de la nature.

Explication : la photosynthèse est la transformation du carbone de l'air (sous forme de $CO2$) en carbone organique (sous forme de glucose ou d'amidon) grâce à l'énergie solaire captée par la chlorophylle, qui agit comme une sorte de cellule photovoltaïque. Le carbone reçoit les électrons produits par la chlorophylle, catalyseur de la dissociation de l'eau, $H2O$, en hydrogène ($H2$) et en oxygène ($O2$). Cette réaction s'appelle une « réduction ».

Au cours de la réaction de « respiration » (qui se produit dans la mitochondrie, la microcentrale énergétique de toute cellule vivante), les sucres provenant de la photosynthèse (comme l'amidon du blé ou du maïs) sont brûlés, et l'énergie dégagée est stockée dans une « batterie chimique » appelée ATP. Cette combustion des sucres, alimentée par l'oxygène de l'air (respiré dans les poumons et transporté jusqu'aux cellules de l'organisme par l'hémoglobine du sang), est une « oxydation » (l'inverse d'une « réduction ») qui enlève des électrons au carbone. Photosynthèse et respiration sont donc une réaction d'oxydation-réduction globale (on dit « oxydo-réduction ») conduisant à la production d'un potentiel électrique. La vie est donc *un petit courant électrique alimenté par le soleil.*

Il est vraiment dommage que cette relation symétrique entre photosynthèse et respiration soit rarement expliquée, avec toute sa complémentarité vitale, dans les livres de classe. La culture «classique» favorise *Le Rouge et le Noir* de Stendhal ; il serait temps de remettre à l'honneur la culture scientifique du rouge et du vert !

Il en va de même pour cette autre réaction symétrique d'une simplicité surprenante : la transformation de l'eau en gaz par un courant électrique (l'électrolyse) et l'utilisation des deux gaz ainsi produits pour générer un courant électrique capable de faire tourner des moteurs, notamment ceux des automobiles. L'électrolyse réalisée (par exemple avec l'électricité produite par des panneaux solaires photovoltaïques) coupe la molécule d'eau H2O en hydrogène et en oxygène (H2 et O2).

On peut stocker l'hydrogène et libérer l'oxygène dans l'air. La réaction de combinaison de l'hydrogène et de l'oxygène se fait dans une pile à combustible que l'on ferait mieux d'appeler une «pile à hydrogène». Grâce à une membrane spéciale, l'hydrogène H2 est découpé en deux H+ qui sont en fait des protons, c'est-à-dire des noyaux d'hydrogène privés de leurs électrons. Ces électrons, générés dans la pile et circulant dans le circuit connecté à un moteur, produisent le courant électrique qui alimente ce moteur. Les protons H+ s'unissent à l'oxygène de l'air pour redonner de l'eau H2O. Cette eau, que l'on pourrait boire, s'échappe du pot d'échappement sous forme de vapeur.

On voit à travers ces exemples qu'il n'est pas nécessaire d'écrire les équations chimiques de la photosynthèse, de la respiration, de l'électrolyse et de la pile à hydrogène pour en saisir la symétrie et la beauté, ni pour percevoir l'unité de la nature.

LE LANGAGE CODE DES INSECTES POUR CONSTRUIRE LEUR SOCIÉTÉ

De tels modèles de symbiose entre le vivant et son environnement, jouant un rôle de mémoire, existent chez les insectes sociaux, fourmis ou abeilles, à travers la mise en œuvre de leur intelligence collective. Bien entendu, il ne s'agit pas d'assimiler l'humanité à des sociétés d'insectes : celles-ci sont privées de toute forme de libre arbitre, et même de liberté. Elles fonctionnent selon des mécanismes de nature cybernétique, c'est-à-dire que les causes agissent sur les effets et que les effets rétroagissent sur les causes, en quelque sorte dans un circuit fermé.

L'intelligence collective des fourmis est favorisée par leur mode de communication et de codage, directement associé au contexte environnemental dans lequel elles évoluent. Par exemple, lorsqu'elles doivent trouver de la nourriture pour la ramener à la fourmilière, elles choisissent le chemin le plus court afin d'économiser leur énergie, vitale pour l'entretien des larves et des reines, c'est-à-dire pour la survie de l'espèce.

Il leur suffit de trois éléments pour y parvenir. Le premier est un code chimique de communication : les phéromones que dépose chaque fourmi derrière elle en se déplaçant. Le deuxième est leur capacité à détecter la présence de ces phéromones et à réagir en conséquence. Par exemple, la densité de cette odeur spécifique à un endroit précis leur indique qu'il s'y trouve une concentration de fourmis. Le troisième est la « mémoire » codée de l'environnement, dont la particularité est de conserver ce signal suffisamment longtemps pour que les fourmis puissent s'en servir pour se guider. Un grand nombre de fourmis vont se concentrer sur le chemin le plus court, car il est le plus dense, donc le plus riche en phéromones ; cela renforcera ainsi la force du signal (l'odeur de phéromones), lequel incitera de plus en plus de fourmis à se diriger vers l'endroit où la concentration est la plus forte et à y laisser à leur tour une odeur qui amplifiera la force du signal par effet de feed-back positif. De l'autre côté, sur le chemin le plus long, le signal sera plus dilué. Par conséquent, il encouragera moins de fourmis à s'y rendre et renforcera la probabilité qu'elles utilisent le chemin le plus court. En réalité, ce n'est donc pas l'intelligence individuelle des fourmis qui conduit au choix du chemin le plus court, mais un signal codé, lu collectivement et intégré à la « mémoire » de l'environnement. Ce signal permet de faire émerger le phénomène de détermination collective favorable à la survie de l'espèce.

Observons maintenant des termites. Ces insectes sont capables de construire de véritables cathédrales de terre climatisées où l'air peut circuler. Il est prévu des appartements pour les larves et leur entretien, un système de défense contre les ennemis extérieurs – tout un dispositif bien organisé qui n'est pas sans rappeler nos châteaux forts de l'époque médiévale.

Évidemment, une question se pose : quel plan les termites ont-ils imaginé pour réussir à construire de telles cathédrales ? Et elle en appelle une autre : où se trouve le plan du plan ? Toujours ce vieux paradoxe de l'œuf et de la poule. En réalité, nous savons que la construction de ces sortes de châteaux forts intervient de manière chaotique. Un termite va chercher une petite particule de terre, puis la poser à un endroit en même temps qu'il y laisse des phéromones (des messages codés pour les autres termites). Ses congénères, attirés par l'odeur produite, vont déposer à leur tour au même endroit leurs petites boulettes de terre, tout en marquant aussi cette zone par des phéromones. De proche en proche, des structures d'une très grande complexité vont s'ériger de manière statistique, chaotique, probabiliste et pourtant bien réelle, et permettre l'émergence de propriétés nouvelles.

Il en va de même pour les abeilles et la construction de leurs nids. La forme hexagonale de ces derniers remplit une série de fonctions, depuis la nourriture des larves jusqu'à la défense de la ruche, en passant par la reconnaissance des fonctionnalités d'autres espèces d'abeilles à l'intérieur du nid. Ces fonctions collectives sont initiées par des actions individuelles, elles-mêmes amplifiées par le réseau de communication.

DÉVELOPPEMENT DES VILLES : NOUVEAUX CODES, NOUVELLES LOIS

Sans assimiler l'homme et l'humanité aux insectes sociaux précédemment décrits, on peut dire que nous agissons individuellement et collectivement pour construire les systèmes complexes que sont les villes. Ces dernières reproduisent certaines des lois d'organisation que nous avons rencontrées. On retrouve dans la ville, étudiée en tant que phénomène scientifique, les éléments et formes de codage décrits précédemment : la morphogenèse de Turing, avec la création de formes espacées régulièrement, tels des quartiers ; les fractales de Mandelbrot, où les grandes structures contiennent les mêmes en plus petite taille ; les oscillations périodiques ou les équilibres dynamiques dans la vie et le métabolisme énergétique de la ville.

Les structures fractales, nées du chaos déterministe, sont, comme on l'a vu, un exemple d'organisations complexes générées à partir de lois simples. Ces formes instables (essaims, nuages, ailes de papillon...) construites à partir de motifs répétitifs se réorganisent à des niveaux différents pour produire une forme conservant une structure de base similaire.

Une autre manifestation intéressante de l'unité, de la complexité et de l'harmonie de la nature est représentée par l'auto-organisation des villes et les lois proposées par le physicien américain Geoffrey West, du Santa Fe Institute. West a développé une théorie scientifique mettant en lumière des codes cachés qui régissent l'organisation urbaine. Pour lui, comme pour de nombreux autres chercheurs, la ville est un organisme vivant, à la fois *support* et *conséquence* du macro-organisme qui l'habite et avec lequel elle coévolue, c'est-à-dire les citadins considérés collectivement. De même, un récif de corail est le support et la conséquence de deux organismes vivant en symbiose: une algue assurant la photosynthèse et un micro-organisme marin fabriquant du corail. L'algue fournit la nourriture à l'organisme marin, lequel lui assure un abri calcaire contre les courants et les prédateurs. C'est une symbiose complète, car aucun des deux organismes ne peut survivre sans l'autre.

D'après Geoffrey West, les principes de base de la structuration et de la coévolution de la ville et de ses habitants répondent à des «lois d'échelle». Ces lois mettent en évidence, sur un graphique, des relations étroites entre des structures de complexités différentes produisant et émettant de l'énergie ou des déchets, et ce avec une étonnante homologie, car elles se placent sur une droite, bien qu'elles proviennent de domaines très différents. Grâce à la découverte des lois d'échelle (*quadratic power scaling* ou séries d'échelles) de Geoffrey West et de ses collègues James Brown et Brian Enquist (de Los Alamos et du Santa Fe Institute), nous commençons à comprendre comment de tels systèmes complexes parviennent à survivre, à évoluer et à exercer leur effet sur la nature.

Pour mieux évaluer la portée des lois d'échelle, imaginons une constante, comme la masse, rapportée à un certain nombre de paramètres (durée de vie, nombre de battements de cœur, vitesse du métabolisme, taille...). On obtient alors des constantes multiples de 3/4. Selon ce principe, il s'avère qu'une souris (durée de vie : de deux à trois ans) et une baleine (durée de vie: de cinquante à soixante ans) meurent à l'issue du même nombre de battements de cœur (un milliard environ) !

Comment expliquer que, dans la nature, les rapports entre la masse, la durée de vie, la durée de gestation, les taux métaboliques, etc., correspondent à des lois simples et à des constantes ? D'après nos trois auteurs, il existe un modèle mathématique, simulable sur ordinateur, qui repousse les frontières de la transversalité d'une manière extraordinaire. Ce modèle se fonde sur trois principes simples pouvant s'appliquer à des domaines très différents, de la chimie à la physique, de la biologie à la sociologie, de l'économie à l'écologie :

– la nature utilise un système de transfert linéaire de ressources énergétiques et informationnelles dans un volume à trois dimensions en procédant par capillarisation (comme le font les capillaires sanguins) ;

– la taille du plus petit « capillaire » (vaisseau sanguin, fil téléphonique, fibre optique, réseau routier, rue) est constante (qu'il s'agisse d'une mouche, d'un éléphant, d'un humain…), car son point d'arrivée est de taille constante (la cellule vivante ou l'être humain) ;

– la nature minimise la quantité d'énergie nécessaire pour apporter les ressources dans les capillaires en bout de chaîne.

En effet, les flux d'énergie et de matière sont régulés et optimisés par des flux d'informations. On aboutit ainsi à ces lois d'échelle qui demeurent constantes quels que soient les organismes étudiés et les divers niveaux d'informations.

Si l'on poursuit le parallèle proposé par Geoffrey West avec les réseaux de communication dans les villes, il apparaît que ces derniers possèdent une structure fractale bâtie sur le modèle des capillaires sanguins de l'être vivant. Ainsi, le delta d'une rivière, une feuille et ses nervures, un arbre et ses branches ont tous en commun cette même structure de base. En regardant une fougère, on peut examiner des répliques de la plante sur la branche principale. En d'autres termes, le dessin de la fougère se répète à différents niveaux d'observation. On dit que la fougère possède une propriété fractale d'autosimilarité à différentes échelles.

Une structure ramifiée ou arborescente doit pouvoir amener de l'énergie ou de l'information dans un volume donné. Ainsi, la taille du plus petit capillaire est de nature invariante quel que soit l'organisme qui l'abrite (une cellule, un quartier de ville, une ville entière). On peut aussi constater cela en observant les autoroutes, les routes, les avenues, les rues, les ruelles, les sentiers, et l'endroit où ils aboutissent.

Ces nouvelles frontières engendrent des concepts transversaux. Elles impliquent de créer des passerelles entre les domaines physique, chimique, biologique, écologique, sociologique... La théorie du chaos, les formes fractales, la morphogenèse dans l'espace et le temps conduisent donc à une vision unifiée de la nature et permettent de mieux comprendre les codes cachés qui en sont la source. Les mécanismes d'autorégulation s'appliquent également à des domaines très différents, de l'écologie à l'économie. Une avancée dans cette direction est représentée par l'essor de l'économie circulaire et de l'écologie industrielle.

UNIFICATION DE L'ÉCONOMIE CIRCULAIRE ET DE L'ÉCOLOGIE INDUSTRIELLE

Le nouveau paradigme industriel et économique souligne l'importance de formes de codage des sociétés humaines. Ces codages sont fondés sur la causalité circulaire, c'est-à-dire des feed-backs programmés et planifiés, alors que, dans le paradigme classique adopté par les politiques, celui de la causalité linéaire, on se doit d'agir sur une cause pour produire un effet. Le principal inconvénient de cette méthode analytique est son incapacité à évaluer l'impact des interconnexions entre les différents domaines ou disciplines, et donc les particularités des propriétés émergentes.

Le modèle industriel et économique actuel atteint ses limites. Fondé sur l'extraction des matières premières, la fabrication et les rejets, il repose sur la consommation de matériaux et d'une énergie peu coûteux et accessibles. L'économie circulaire, au contraire, par nature régénérative, consiste à produire en limitant le gaspillage de matières premières, d'eau et d'énergie.

La zone de symbiose industrielle de Kalundborg, au Danemark, est un exemple de mise en œuvre de l'économie circulaire. Elle repose sur un ensemble d'échanges de matières premières et de déchets entre industries de manière à ce que les déchets des unes deviennent les matières premières des autres. Dans les années 1970, un petit nombre d'entreprises de la région ont décidé de se relier entre elles par des canaux pour optimiser l'utilisation de l'eau, économiser l'énergie et réutiliser les déchets. Ainsi, l'eau usagée d'une raffinerie de pétrole n'est plus rejetée dans la rivière, mais renvoyée vers la principale centrale électrique, qui l'utilise comme eau de refroidissement. Cette dernière fournit de la vapeur aux autres entreprises membres de cet écosystème ainsi qu'aux dizaines de milliers d'habitants de Kalundborg, qui s'en servent pour se chauffer. L'écosystème comprend des usines biotechnologiques produisant des enzymes, des fermes aquacoles, des élevages porcins. L'énergie leur est fournie par la vapeur de la centrale électrique, et leurs déchets sont utilisés comme engrais.

L'économie circulaire se fonde également sur l'écoconception des produits, leur réparation et leur recyclage. Elle tend ainsi à préserver la valeur et la qualité intrinsèques des produits, des composants et des matériaux à chaque étape de leur utilisation. Selon la Fondation Ellen MacArthur : « L'économie circulaire est un cycle de développement positif continu qui préserve et développe le capital naturel, optimise le rendement des ressources et minimise les risques systémiques par la gestion des stocks et des flux de ressources. Un système qui demeure efficace quelle que soit l'échelle. »

Un livre édité par cette fondation en 2016[1] met en lumière l'approche complémentaire d'un groupe de spécialistes de l'architecture, de l'agriculture, des entreprises, de l'ingénierie sociale, de l'analyse de l'énergie et de l'urbanisme, pour aider à comprendre les systèmes complexes et à prendre les décisions adaptées quant à la meilleure façon de les transformer. L'économie circulaire représente une voie pour la gouvernance de systèmes complexes respectant les processus qui reproduisent l'unité de la nature.

Les gouvernements abordent traditionnellement les questions de développement et d'environnement d'une manière sectorielle et compartimentée. Le concept de durabilité est beaucoup plus large qu'on ne le pense habituellement. Je considère que « développement durable » signifie réinvestir de l'énergie, du temps, des connaissances et des moyens financiers dans l'éco-capital à préserver. Parce que le système industriel est un écosystème, il peut être décrit comme un système complexe constitué de nœuds, de liens, de réseaux interconnectés, traversés par des flux de matière et d'énergie. En outre, il repose dans son ensemble sur les ressources et les services de la biosphère, dont il ne peut être déconnecté. Ces notions sont à la base du concept d'écologie industrielle – une forme de programmation

1. *A New Dynamic 2. Effective Systems in a Circular Economy*, préface de Joël de Rosnay, Fondation Ellen MacArthur, 2016.

et de codage industriel fondée sur la mise en œuvre globale de feed-backs inter-entreprises afin que les rejets des unes soient considérés comme les ressources des autres.

Selon Suren Erkman, un des pères de ce concept: « L'écologie industrielle vise à examiner le système industriel dans son ensemble. Elle ne traite pas seulement des questions de pollution de l'environnement, mais considère comme tout aussi importants les technologies, l'économie du procédé, les inter-relations des entreprises, le financement, la politique générale du gouvernement et l'ensemble des questions impliquées dans la gestion des entreprises commerciales[1]. » L'écologie industrielle peut être considérée comme une approche pratique de la notion de développement durable. Elle doit jouer un rôle important dans l'établissement d'une économie de régénération, comme celle que met en place la nature dans l'écosystème des espèces vivantes animales et végétales.

RÉSEAUX SOCIAUX ET BOURSE : DES ORGANISMES COLLECTIFS

Ces étonnants phénomènes de feed-back et d'auto-amplification sont également à l'œuvre sur Internet. C'est ainsi que la petite phrase d'un homme politique, d'un industriel ou d'un « people », reprise et amplifiée par les réseaux sociaux, peut provoquer des bouleversements politiques en période électorale, une instabilité

1. Suren Erkman, *Vers une écologie industrielle*, Éditions Charles Léopold Mayer, 2004.

économique ou une crise sociale (les fameux « bad buzz », si néfastes pour l'image des personnages publics et des entreprises), ou encore conduire à des manifestations mettant en danger la population. Les conséquences peuvent être à la fois politiques (provoquer des révolutions), industrielles (des systèmes innovants vont émerger de la catalyse et de la convergence de plusieurs tendances) et, sur le plan personnel, émotionnelles. L'émotionnel peut en effet avoir un impact sous-jacent, notamment lorsque différents éléments se rencontrent à un instant T et conduisent à des comportements imprédictibles.

De façon plus positive, l'intuition (qui pourrait être représentée par la convergence inconsciente d'éléments, d'idées et d'informations traités par notre cerveau) peut elle aussi conduire à l'émergence de découvertes fondamentales pour l'humanité. Là encore, nous observons l'unité de la nature : l'émission d'un signal codé, puis amplifié, est susceptible de conduire à des actions sans commune mesure avec la puissance initiale du signal. Ce qu'il faut retenir de ces différents exemples, c'est l'émergence de fonctionnalités et de propriétés sous-jacentes, en quelque sorte cachées dans la complexité des phénomènes d'interaction et qui brutalement explosent (le terme n'est pas trop fort) en créant des conditions radicalement nouvelles.

En étudiant le comportement des humains dans un marché, sur des réseaux sociaux ou dans des manifestations agressives, par exemple, on constate qu'un signal peut être amplifié par la multitude, reproduit extrêmement rapidement, et conduire à des comportements collectifs grâce à la mémoire de l'environnement. Dans les cerveaux, les neurones miroirs[1] conduisent à copier certains comportements, à réagir « en écho », en quelque sorte, au geste de l'individu observé.

La mémoire d'Internet et des moteurs de recherche permet de conserver des signaux infimes utilisés à un moment donné. Par exemple, des informations sur la réputation d'une personne, diffusées dans un contexte particulier, peuvent créer de la désinformation, des réactions de rejet ou bousculer des marchés financiers. En réaction, des associations de défense des consommateurs et de la vie privée, ainsi que des autorités indépendantes comme la CNIL (Commission nationale de l'informatique et des libertés), alertent sur l'importance du « droit à l'oubli » sur Internet en général et sur Google en particulier.

Prenons l'exemple de la Bourse. Cet ensemble collectif fonctionne de manière interactive, proactive et en temps réel. Il agit comme un organisme vivant et, depuis l'émergence des réseaux sociaux, répond plus vite encore. Des ordinateurs intégrés au fonctionnement de la Bourse sont capables de réagir en moins d'une microseconde pour les transactions à haute fréquence, ou HFT (High Frequency Trading). Dans le HFT, les ordinateurs décident eux-mêmes de la vente ou de l'achat d'actions sans attendre que les humains aient eu le temps d'analyser l'information. Certaines entreprises ont compris qu'elles pouvaient anticiper la manière dont le système

1. Les neurones miroirs sont une catégorie de neurones du cerveau qui présentent une activité aussi bien lorsqu'un individu (humain ou animal) exécute une action que lorsqu'il observe un autre individu (en particulier de son espèce) exécuter la même action, ou même lorsqu'il imagine une telle action.

allait se comporter dans le futur. Elles ont gagné des sommes astronomiques simplement en donnant des ordres d'achats et de ventes plus vite que dans le temps réel des humains. Typiquement, ce comportement utilise un type d'auto-amplification analogue à celui de la «découverte» du chemin le plus court par une population de fourmis, sauf qu'il s'agit, dans le cas des transactions boursières, d'une pratique génératrice d'effets pervers ou de dérapages incontrôlables susceptibles de désorganiser des marchés.

Les théories de la morphogenèse dans l'espace et dans le temps permettent de comprendre comment des bifurcations successives amplifiées en permanence permettent à des formes nouvelles et au phénomène d'auto-organisation d'émerger. Elles expliquent aussi comment nous coévoluons avec des structures complexes tout en créant de nouvelles structures à un niveau supérieur.

L'homme s'est approprié ce processus en inventant le codage informatique, qui a permis l'essor des applications pour smartphones, ainsi que le développement de l'intelligence artificielle et de la robotique adaptative. Ces formes nouvelles, apparues au cours des dernières décennies, sont en voie de transformer la société du travail humain.

CHAPITRE 3

Robots et intelligence artificielle : de nouveaux défis pour l'homme du IIIe millénaire

Depuis la période de l'âge de pierre, divers outils permettent à l'homme d'évoluer, de transformer son environnement et de se transformer lui-même. Comme l'ont montré les anthropologues, notamment André Leroi-Gourhan dans son livre *Le Geste et la Parole*[1], la station debout a rendu possible l'utilisation des premiers outils, tandis que la main s'est adaptée à la taille des pierres, permettant l'adaptation et l'évolution du cerveau.

Même si l'homme n'est pas outillé naturellement pour creuser des galeries comme le ferait une taupe, pas plus qu'il ne peut nager ou se nourrir dans l'océan avec la même dextérité qu'un dauphin, ni voler comme un aigle, il peut changer sa nature en dotant son corps

1. André Leroi-Gourhan, *Le Geste et la Parole*, Albin Michel, 1965. André Leroi-Gourhan (1991-1986) est un penseur de la technologie et de la culture, ethnologue, archéologue et historien français spécialiste de la préhistoire.

d'extensions qui lui permettent de creuser, nager, voler… et ainsi conquérir les univers marin, aérien et terrestre. De la même façon, il peut accroître les capacités de son cerveau en allant puiser dans les livres, les bibliothèques, les ordinateurs… et augmenter sa mémoire en consultant les nombreuses bases de données des moteurs de recherche.

FAUT-IL CRAINDRE QUE LES EXTENSIONS DE NOTRE CORPS SE RETOURNENT CONTRE NOUS ?

Le code source à la base de l'intelligence artificielle est en train de prendre une importance croissante dans l'évolution des relations entre l'homme et la machine et, au-delà, entre l'homme et l'écosystème numérique. Aujourd'hui, la question du travail humain tel que nous l'avons toujours connu se pose. En effet, il est déjà profondément modifié par le numérique et le codage informationnel ; l'homme ne risque-t-il pas, dans un avenir proche, d'être remplacé par les robots et l'intelligence artificielle (IA) ?

Telle est la crainte exprimée par de nombreux sociologues et économistes, mais aussi par des industriels et des physiciens de renommée mondiale. Fin 2014, le fondateur de Microsoft, Bill Gates, le cofondateur de Tesla Motors et de SpaceX, Elon Musk, et l'astrophysicien Stephen Hawking ont déclaré publiquement que l'IA risquait de conduire à la fin de l'humanité.

Gates, Musk et Hawking, autorités influentes s'il en est, reprenaient à leur compte les signaux d'avertissement lancés dans les années 1990 par l'informaticien Bill Joy. Le cofondateur de Sun Microsystems critiquait les NBIC (nanotechnologies, biotechnologies, infotechnologies et sciences cognitives) et dénonçait les risques de l'intelligence artificielle, affirmant que l'humanité s'engageait dans une voie extrêmement risquée. Stephen Hawking, atteint de la maladie de Charcot (dystrophie neuromusculaire), mais qui communique avec le monde extérieur grâce à un ordinateur synthétiseur de voix actionné par le mouvement de ses yeux, a expliqué que les ordinateurs et les robots devenus plus intelligents que l'homme finiront par réduire ce dernier à l'esclavage. Même discours alarmiste du côté de Bill Gates, qui met en garde contre le danger de domination de l'IA sur l'humanité. Quant à Elon Musk, il subventionne l'Institute for the Future of Life (Institut pour le futur de la vie) à coups de millions de dollars pour étudier les impacts de l'IA et ses risques pour l'humanité, tout en espérant avoir les moyens de contrôler, voire de stopper, l'IA et les robots (trop) intelligents.

Jusqu'à l'essor de l'automation, puis du numérique, les outils permettant à l'homme de transformer la nature se trouvaient devant lui ou à portée de son regard. Ils se matérialisaient sous la forme d'extensions des mains, des jambes ou de la force musculaire (marteau, truelle, perceuse, pinceau…), parfois assistées d'un moteur (marteau-piqueur, aspirateur, etc.). Désormais, les outils numériques sont mobiles et même « mettables ». Ils transforment notre corps, et c'est grâce à cette symbiose que l'homme devient outil connecté et augmenté.

EN TRANSFORMANT LA NATURE, L'HOMME SE TRANSFORME

Pour Karl Marx, la modification de la nature par le travail de l'homme le modifie lui-même: «Les forces dont son corps est doué, bras et jambes, tête et mains, [l'homme] les met en mouvement, afin de s'assimiler des matières en leur donnant une forme utile à sa vie. En même temps qu'il agit par ce mouvement sur la nature extérieure et la modifie, il modifie sa propre nature, et développe les facultés qui y sommeillent.»

La prolongation par l'homme des mécanismes et processus unifiés de la nature, les relations entre les nœuds du réseau et ses liens, comme dans tout écosystème, nous transforment autant que nous-mêmes transformons, en retour, cet écosystème numérique par coévolution.

Du fait de nos capacités à nous connecter en temps réel pour accéder à de l'information et à «informer» l'écosystème numérique (lui donner forme), nous devenons des femmes et des hommes «augmentés». L'extension se poursuit, mais, cette fois-ci, les outils ne sont plus à portée de main, comme le seraient le tour d'un potier, le winch d'un marin ou le fusil d'un chasseur. *Nous devenons l'outil*: notre corps s'est doté de prothèses «symbiotiques», comme le smartphone, en relation étroite avec notre manière de fonctionner, de parler, de regarder, d'écouter, de toucher…

Déjà, des constructeurs automobiles préparent des autos connectées «hybrides». Ce n'est plus seulement le moteur qui est hybride, mais l'intelligence du véhicule, qui fonctionne en symbiose avec celle de l'humain. L'auto se conduit seule, elle est autonome, mais si l'humain intervient par la voix ou le geste, elle exécutera son ordre et quittera le mode de conduite autonome. *L'humain reprend la main.*

La voiture connectée, dite «intelligente», ne peut se conduire toute seule – aidée par des systèmes de signalisation et de détection – qu'à la condition d'évoluer elle-même au cœur d'un écosystème appelé la «route intelligente» ou la «ville intelligente». Cette route ou cette ville intelligentes vont lui transmettre des informations équivalant aux signaux de ralentissement, de vitesse, de brouillard ou de danger pour les conducteurs traditionnels. En l'occurrence, ces signaux numériques seront interprétés par la voiture de façon à ce qu'elle puisse évidemment réagir à bon escient en temps réel. Ces exemples annoncent eux aussi le retour de l'humain dans un univers que l'on prédit déjà dominé par les robots et l'intelligence artificielle. Un humain de plus en plus intégré à ces systèmes robotiques et bénéficiant progressivement d'une intelligence augmentée.

EN SYMBIOSE AVEC LE SMARTPHONE, TÉLÉCOMMANDE VIRTUELLE UNIVERSELLE

Avec le smartphone, *télécommande virtuelle universelle*, nos doigts retrouvent leur faculté de déclencher des actions à distance (appuyer sur des boutons ou tourner des poignées de porte). Nous sommes transformés par cette prothèse symbiotique. D'un simple «clic» dans l'environnement, nous pouvons réaliser des fonctions inatteignables normalement, car trop éloignées.

Avec un banal smartphone, il est possible à un alpiniste ou à un randonneur amateur de visualiser en détail tout son parcours, avec le descriptif complet d'une chaîne de montagnes, les différents passages, les voies conseillées selon son niveau ou la météo, les risques d'avalanche ou de crevasse, etc. De la même façon, les passionnés d'histoire ou d'art peuvent télécharger des informations sur un monument – les conditions de sa création, les événements qui s'y sont produits ... – simplement en en faisant une capture avec une appli dédiée. C'est le pouvoir de la réalité virtuelle, qui permet à nos yeux et à notre cerveau de voir l'invisible, et surtout d'agir sur lui.

Toutes sortes d'images ou d'objets peuvent venir à nous : il suffit de les désigner dans un environnement doté de systèmes de détection (puces RFID, QR codes). Tout un écosystème peut se trouver doté de « sens » analogues aux nôtres et prévus pour réagir et répondre en temps réel à nos sollicitations. Par exemple, une affiche « réagira » en envoyant un film touristique sur un smartphone, une tondeuse robotisée enverra la vidéo de son mode d'emploi ainsi qu'une démonstration de son fonctionnement et de son système de rechargement, un robot se déplacera pour aider une personne âgée à ramasser un objet, etc.

On parle d'objets « intelligents », de véhicules « intelligents », de villes « intelligentes ». À mon sens, ce terme devrait être réservé à l'intelligence humaine, à la fois rationnelle, symbolique, émotionnelle et capable de se projeter dans l'avenir ou dans le passé. Je préfère l'idée que les systèmes intelligents (ou objets intelligents) soient caractérisés par trois propriétés fondamentales : ils sont interactifs (ils répondent immédiatement à toute sollicitation), proactifs (ils anticipent votre demande par la mémorisation des demandes passées et de votre historique de recherche), et agissent en temps réel (les réponses parviennent avant une échéance fixée). Si un objet ou un environnement peut être interactif, proactif et en temps réel, il sera qualifié, pour simplifier, d'objet intelligent.

Ces prothèses symbiotiques et les différents éléments que nous transportons en permanence avec nous ne sont plus des objets « portables », mais des objets « mettables ». Ils transforment notre corps en un émetteur-récepteur et en une panoplie d'outils, dont la plupart sont accessibles directement dans l'écosystème numérique. En 2016, plus de 2,8 millions d'algorithmes et logiciels, désignés sous le nom d'« applis », sont téléchargeables sur nos ordinateurs, tablettes ou smartphones, et permettent d'accéder à des fonctions totalement impensables pour l'homme il y a encore quelques années. Ils ont été codés par des développeurs souvent indépendants qui ont su utiliser les systèmes ouverts (dits en *open source*) pour partager les codes et les appliquer à des fonctions d'une très grande diversité, proposant des applications dans de nombreux aspects de nos vies personnelles et professionnelles. Jadis, nous allions acheter une boîte de CD contenant des « progiciels » applicables à l'écriture, au calcul ou au graphisme. Désormais, il suffit de télécharger sur smartphone ou tablette des applis souvent gratuites ou à un coût quasi nul.

L'extension de nos sens et de nos fonctions cérébrales est une autre manifestation de la réalité de l'unité de la nature. Nous sommes nés avec cinq sens. Pourtant, aujourd'hui, nous en possédons en réalité cinq ou six supplémentaires : le sens précis de l'orientation optimisé par le GPS ; le don d'ubiquité facilité par les webcams (qui permettent de voir ce qui se passe à différents endroits à la fois ou de suivre des personnes à distance) ; la téléprésence pour communications simultanées ; la localisation instantanée de nos enfants ou amis ; la télékinésie (la capacité d'actionner des mécanismes à distance, ou d'activer des bras robotiques pour saisir des objets) ; le télécontrôle ou la programmation grâce à la télécommande universelle qu'est devenu notre smartphone (par exemple pour appeler une voiture et la faire stationner dans une place de parking). Le corps devient ainsi un outil de communication, nœud central et lien avec un réseau de plus en plus dense entre les humains, mais aussi avec leur environnement. Cette évolution dynamique et convergente se poursuit à un rythme accéléré avec nous et grâce à nous. Elle intervient en conformité avec l'unité de la nature, la manifestation de ses codes cachés et les processus vitaux décrits dans les chapitres précédents.

S'ajoute à cette accélération l'arrivée massive des robots, notamment dans la production automobile ou les opérations chirurgicales en relation et en assistance intellectuelle avec les chirurgiens. Mais il n'y a pas que des robots physiques ou ressemblant à des humains, c'est-à-dire anthropomorphes ou humanoïdes ; il existe de plus en plus de « robots invisibles ».

Au boulot, les robots ! Par cette phrase lapidaire, je veux exprimer les propriétés de l'évolution en cours qui conduira à confier progressivement le *travail* aux robots et la *vie* aux humains. Voilà une autre grande révolution, et une manifestation de plus de l'unité de la nature. Je vais tenter d'expliquer pourquoi et comment nous allons vivre cette délicate et paradoxale situation, tout en comparant le travail des humains et celui des robots.

AU BOULOT, LES ROBOTS !

Les applications téléchargeables sur un smartphone sont des sortes de robots logiciels. Quant aux robots anthropomorphes, ils sont capables de réaliser des opérations extrêmement sophistiquées. Ces robots « intelligents » occupent une place de plus en plus importante dans la vie des humains, notamment au Japon, où ils jouent un rôle dans l'assistance aux personnes âgées dépendantes. Ils sont aussi serveurs dans des bars et des restaurants. Cette irruption des robots dans nos vies quotidiennes avait été annoncée par des scientifiques et des prospectivistes.

Dans un article intitulé « L'ère des robots », publié en 1993, le chercheur Hans Moravec[1] parlait déjà de sa crainte des robots, de l'intelligence artificielle et de la façon dont elle allait se rapprocher de l'intelligence humaine au point de rivaliser avec elle et de la menacer. L'intelligence artificielle inquiète, parce qu'elle évoque les images de la domination de l'homme par ses créatures, mise en scène dans de nombreux films de science-fiction.

La première de nos grandes craintes relève du biologique et de l'humain : nous craignons que les créations humaines ne se retournent contre nous. C'est la crainte de l'homme « augmenté » au sens le plus péjoratif du

1. Enseignant-chercheur au centre de robotique de l'université Carnegie-Mellon, futurologue, auteur d'articles sur l'impact des nouvelles technologies et l'IA, proche du courant transhumaniste.

terme : un homme augmenté… aux dépens des autres. Cette peur parfois dogmatique, voire quasi religieuse, exprimée par certains penseurs, scientifiques ou dirigeants d'entreprise très influents, puise ses racines dans cette perception de l'IA et des robots anthropomorphes. Or l'intelligence artificielle est encore peu développée pour l'instant. Même avec les progrès du *deep learning*, on constate que la désormais célèbre loi de Moore [1] ne s'applique pas totalement à l'IA. On est loin des algorithmes capables d'avoir de l'intuition, des émotions, de prendre des décisions éclairées ou de mobiliser des outils physiques pour menacer les hommes. En revanche, grâce à de nouveaux codes informatiques, nous allons assister à une relation et à une intégration symbiotiques entre le biologique, le robotique, le mécanique et le numérique, ainsi qu'à un contrôle plus étroit des robots et de l'IA. Les frontières entre ces domaines sont en train de s'estomper. Déjà, une révolution du design « biologique » des robots est proposée, notamment au MIT, par la chercheuse Neri Oxman [2], qui intègre mécanique, robotique, biomatériaux, impression 3D, intelligence artificielle et biologie de synthèse.

Certes, la peur liée à la destruction des emplois en raison de la robotisation et de l'IA peut sembler, dans certains cas, justifiée. Les progrès du codage par

1. Les lois de Moore sont des lois empiriques qui ont trait à l'évolution de la puissance des ordinateurs et de la complexité du matériel informatique. Pour Gordon Moore, le nombre de transistors des microprocesseurs sur une puce de silicium double tous les deux ans.

2. Neri Oxman : http://matter.media.mit.edu/people/bio/neri-oxman.

l'homme ont créé sa propre concurrence. De nombreux sociologues, scientifiques et industriels ont décrit les risques nés de la fin du travail salarié tel que nous le connaissons, c'est-à-dire réglementé par un contrat de travail. Ils alertent notamment sur le fait que les robots ne vont pas seulement prendre le travail des cols bleus, mais aussi une partie de celui des cols blancs (juristes, notaires, comptables, consultants, enseignants, journalistes…). Ceux-ci, jusqu'à présent, se sentaient protégés par le caractère unique de la relation humaine – le contact avec leur élève, leur client ou leur lecteur. Si les robots remplacent progressivement les métiers les moins qualifiés, et si la qualité du travail fourni par l'intelligence artificielle peut rivaliser avec l'expertise des médecins, juristes, journalistes, enseignants…, que restera-t-il aux êtres humains ?

D'où cette annonce spectaculaire de la fin du travail par Jeremy Rifkin : « Nous sommes entrés dans une nouvelle phase de l'histoire qui se caractérise par le déclin inexorable de l'emploi[1]. » Créateur de lien social, fondement même de la vie en société et du sens de la vie pour beaucoup, le travail tel que nous le connaissons aujourd'hui est menacé. Pour l'Institut McKinsey, le nombre d'emplois qualifiés supprimés pourrait atteindre 140 millions au niveau mondial à l'horizon 2025. Cette peur est liée à la crainte suscitée par l'essor de la robotisation et de l'« intelligence artificielle », qui associe deux mots en apparente contradiction avec l'« intelligence naturelle ». Comment l'intelligence, fonction primordiale de nos cerveaux humains, pourrait-elle être créée

1. Jeremy Rifkin, *La Fin du travail*, La Découverte, 2005.

de toutes pièces? L'expression «intelligence artificielle» apparaît à certains comme une formule «antinaturelle» et provoque méfiance et rejet. Mais, en tant que scientifique et enseignant, je crains moins l'intelligence artificielle que la stupidité naturelle! En d'autres termes, l'éducation et la formation des humains sont primordiales, même s'il est nécessaire d'«éduquer» les robots en leur conférant des capacités d'auto-apprentissage. Ordinateurs et robots développent déjà de telles facultés grâce à toutes les informations disponibles sur les réseaux (le Big Data). Les machines intelligentes apprennent ainsi comment fonctionne le monde autour d'elles et comment interagir avec les êtres vivants.

Récemment, parmi les autres progrès de l'intelligence artificielle, un programme informatique conçu en Russie et baptisé «Eugene Goostman» est parvenu pour la première fois à tromper plusieurs expérimentateurs humains dans le cadre d'un test de Turing organisé à l'université de Reading, en Angleterre. Ce test, un grand classique de l'IA, est validé si 30 % des participants estiment, au terme d'un entretien de cinq minutes, dialoguer avec un humain alors qu'ils communiquent en réalité avec un ordinateur. À l'issue de ce test, un tiers des interlocuteurs étaient effectivement persuadés qu'ils avaient conversé avec un autre humain.

Que nous réserve l'avenir? On peut imaginer que les robots intelligents seront un jour dotés de sensibilité, d'empathie, de capacité d'abstraction, voire d'intuition, autant de qualités jusque-là réservées aux êtres vivants. Doit-on craindre ces créatures «humanoïdes»? Et, surtout, comment l'homme en est-il arrivé, grâce au codage informatique et aux applications numériques, à concurrencer ses propres fonctions cognitives et physiques, et à remettre ainsi en cause son propre travail ainsi que le sens de sa vie ? C'est ce que je cherche à comprendre.

INTELLIGENCE ARTIFICIELLE ET ROBOTS : PLUS EFFICACES QUE L'HOMME ?

L'homme a toujours été fasciné par la reproduction de son propre comportement, de ses muscles, de son déplacement, de sa voix. Au XVIIIe siècle, le célèbre Jacques Vaucanson [1] construisait des automates capables de prononcer des sons, de bouger les bras ou de rouler des yeux, et l'histoire de la mécanisation et de la robotisation abonde d'autres réalisations. Cependant, la culture du robot varie selon les pays et les connaissances. La culture latine et judéo-chrétienne se défie des robots par crainte de la suppression du travail de l'homme et de leur prise de contrôle sur l'humanité. Au Japon, en revanche, comme on l'a vu, les robots sont perçus comme des assistants qui libèrent l'homme. Les robots anthropomorphes japonais ressemblent aux êtres humains : ils sont recouverts d'une peau à la texture très proche de la nôtre. Certains ont l'apparence d'une personne existante. Ils sont notamment utilisés pour aider des personnes isolées à retrouver un contact avec la vie en les incitant à parler et à exécuter un certain nombre de fonctions.

Les applications robotiques sont déjà innombrables aujourd'hui, surtout si l'on considère qu'un code

1. Inventeur et mécanicien français (1709-1782), célèbre pour ses automates, notamment son « canard digérateur ».

informatique spécifique – par exemple un algorithme sophistiqué permettant d'exécuter des fonctions sur un ordinateur, une tablette ou un smartphone – est aussi une forme de robot. Un robot logiciel qui pourrait, dans l'avenir, prendre des formes holographiques en 3D, ou même une structure mécanique par imprimante 3D, pour «sortir» de l'ordinateur et devenir une sorte d'animal de compagnie capable d'exécuter des tâches ou de communiquer par la voix[1]. Déjà, des chercheurs de Microsoft ont pu créer des personnages en 3D visibles en réalité virtuelle au moyen d'un casque spécial comme le Hololens ou l'Oculus. Il est possible de téléporter ces personnages d'un ordinateur à un autre en utilisant l'Internet à haut débit. Les nouvelles techniques holographiques permettront de se passer de ces casques: les images en 3D seront projetées devant les spectateurs par des projecteurs holographiques. Des démonstrations publiques de football en jeu vidéo 3D faisant évoluer au sol des joueurs de 10 centimètres de haut ont déjà été réalisées par le MIT.

L'évolution des robots en est encore à ses balbutiements. Pour l'instant, nous connaissons surtout les robots constructeurs d'automobiles dans des ateliers mécaniques et, de manière plus spectaculaire, les robots chirurgicaux. Nous utilisons pourtant quotidiennement des robots logiciels cachés dans les ordinateurs, dans les lignes de codes, permettant d'ouvrir une porte de parking, de retirer de l'argent à un distributeur de billets ou d'effectuer toute autre tâche du quotidien à laquelle

1. Voir Joël de Rosnay, *2020 : les scénarios du futur*, Des Idées et des Hommes, 2007.

nous prêtons rarement attention. Sait-on qu'une voiture moderne peut contenir 100 millions de lignes de codes? Les autos sont programmées comme des robots pour signaler au conducteur qu'il est en train de quitter la route, de dévier d'une ligne droite, d'aborder un virage trop vite – bref, de prendre des risques –, voire pour effectuer des contrôles anti-pollution et en modifier les résultats…

Qu'en est-il maintenant des robots logiciels invisibles, tapis au cœur des machines et au sein de nos bâtiments? La maison automatisée et interactive (*home automation* en anglais, qu'on appelait il y a quelques années « domotique » en français) est en réalité une habitation « robotisée ». Ce type de maison propose désormais aux humains qui y vivent des fonctions « sur mesure » – comme un organisme vivant ou la future voiture connectée – grâce à ce qu'on appelle l'« interopérabilité ». Cette propriété essentielle utilise des standards de communication qui permettent à tous les systèmes numériques de la maison de partager des tâches et de se coordonner. Sont ainsi interopérables les protocoles Internet, Wifi, Bluetooth et tout autre système sans fil permettant la communication entre appareils numériques, électroniques ou mécaniques devenant télécontrôlables. La maison peut ainsi (en recevant des codes envoyés à distance au moyen d'un smartphone) déclencher des fonctions en l'absence des occupants (lancer un plat à cuire dans le four, régler la climatisation, chauffer l'eau d'un bain, allumer la lumière dans une pièce, filmer des intrus et lancer des informations de sécurité, ou encore porter secours à des personnes âgées atteintes de maladies qui les empêchent de se repérer dans l'espace). La maison du futur et la ville du futur sont en fait des maisons et des villes robotisées, avec des millions de fonctions différentes interconnectées les unes aux autres. On assiste à l'apparition de l'humain augmenté, en symbiose avec son enveloppe intelligente – sa maison. Ces propriétés soulignent, selon moi, l'unité de la nature, fil directeur de ce livre. Un processus qui risque de prendre de nouvelles dimensions avec les ordinateurs reproduisant le cerveau humain.

DES SUPERCERVEAUX NUMÉRIQUES

L'intelligence artificielle (IA) est née dans les années 1950 avec John McCarthy (1927-2011), l'inventeur du langage LISP (List Processor). Le premier langage d'intelligence artificielle a été développé en 1958, au California Institute of Technology (CalTech), au MIT et à Stanford, avec Marvin Lee Minsky, chercheur en sciences cognitives. L'IA représente une des fonctions de codage humain les plus évoluées et offre la possibilité à un ordinateur de résoudre des problèmes jadis cantonnés au cerveau humain (jouer aux échecs ou au jeu de go, par exemple, et même gagner).

Le célèbre programme d'IA Watson, conçu par IBM, peut répondre à des questions formulées par des humains utilisant le langage naturel qui leur sert à dialoguer entre eux. Il est capable d'exécuter des tâches considérées comme « proprement humaines ». Ainsi, en février 2011, Watson a remporté le jeu télévisé *Jeopardy!* aux États-Unis. Il a pu comprendre les questions, appuyer sur le buzzer pour donner la bonne réponse grâce à sa voix de synthèse, et choisir le thème et le montant de la question suivante. Un autre événement survenu en mars 2016 va changer le monde des ordinateurs et notre vision de l'intelligence artificielle : l'ordinateur Alphago de Google a battu au jeu de go Lee Se-dol, le meilleur joueur du monde. Les victoires de Watson et d'Alphago démontrent que nous sommes passés d'une évolution technologique linéaire à une évolution exponentielle au cours de laquelle les innovations et les applications de l'IA catalysent et accélèrent le progrès.

Pour exemple, deux grands projets : Brain Initiative, lancé en 2013 aux États-Unis par le président Obama, et Blue Brain, lancé en Europe en 2005 dans le cadre d'une collaboration entre l'École polytechnique fédérale de Lausanne, en Suisse, et la firme IBM, et étendu en 2013 au projet Human Brain Simulation Project (HBSP) que finance la Commission européenne. Ces projets visent à reproduire, d'ici à 2024, un réseau neuronal simulant le fonctionnement de parties du cerveau avec ses milliards de neurones. Ces machines correspondent tout à fait à l'appellation IA, car le cerveau est le système le plus complexe qui soit. Toutefois, ce terme d'intelligence ne correspond pas exactement à l'intelligence humaine, faite d'émotion, d'abstraction, d'empathie (cette capacité propre aux êtres vivants de se mettre à la place des autres pour comprendre leurs émotions ou leurs sentiments), d'altruisme, de fraternité, de conscience… Des émotions difficilement prises en compte par la machine numérique, si « intelligente » et douée pour résoudre des problèmes complexes soit-elle.

Par ailleurs, comme nous l'avons vu, la loi de Moore (la diminution exponentielle du coût des machines numériques proportionnellement à l'augmentation de leur puissance) s'applique bien au numérique proprement dit, c'est-à-dire aux ordinateurs et aux smartphones, mais pas encore à l'IA. Les progrès sont constants, mais ils ne correspondent pas à l'accélération attendue. Cependant, l'IA pourrait aussi être décrite par d'autres formes de codage élaboré et inspiré du vivant, notamment grâce à ce que l'on appelle les « algorithmes génétiques » et les « logiciels proactifs ».

DARWIN ET LE MAJORDOME REVUS PAR LE NUMÉRIQUE

Les algorithmes génétiques ont été inventés dans les années 1970 par John Holland (1919-2008), un psychologue américain qui a prédit que les ordinateurs pourraient s'autoprogrammer en utilisant un système fondé sur la notion de mutations et de sélection naturelle de l'ADN, propre au principe darwinien. Les algorithmes génétiques (ou algorithmes évolutionnistes) sont des segments de logiciels, des séquences de programmes (analogues à des séquences de gènes en biologie), qui peuvent se combiner entre eux pour résoudre des problèmes, mais surtout se reproduire.

On pourrait dire – et Steven Hawking l'a fait remarquer longtemps avant les informaticiens – que les virus informatiques relèvent du même type de processus. Ils peuvent muter sur un ordinateur alors que des logiciels de protection immunitaire sont censés les détruire. La recombinaison (selon les principes de Holland) des algorithmes génétiques permet de faire naître de nouvelles espèces de virus. L'intelligence artificielle permet aussi la recombinaison d'éléments de programme entre eux, conduisant à l'émergence de nouveaux systèmes d'IA.

Il existe également des logiciels proactifs jouant le rôle d'un majordome attentif. De plus en plus d'entreprises, comme Google ou Microsoft, développent des algorithmes capables d'anticiper les souhaits d'un utilisateur en étudiant son carnet d'adresses, son emploi du temps, les dernières recherches qu'il a effectuées sur des moteurs de recherche, ses derniers articles, tweets ou posts publiés sur les réseaux sociaux, etc. En fonction de toutes ces informations, le logiciel propose des actions, comme pourrait le faire une sorte de majordome numérique, un assistant intellectuel déchargeant son « client » des tâches mineures pour l'aider à développer ses activités, à être plus créatif ou plus efficace. Il s'agit là aussi d'une forme d'IA, plutôt redoutée, car elle se nourrit d'une grande quantité d'informations relatives à la vie privée.

SYSTÈMES EXPERTS ET BIG DATA : POUR LE MEILLEUR OU POUR LE PIRE ?

En novembre 2015, Google a décidé de rendre accessible au public le code source[1] de son système de *deep learning*, TensorFlow, fondé sur des réseaux de neurones artificiels. Cette technologie d'apprentissage permet aux ordinateurs de décoder le contenu d'images pour les classer par thème, de reconnaître la parole utilisée sur les smartphones ou de suggérer automatiquement

1. Le code source est une série d'instructions de programmes, sous forme de textes cachés, réservés aux programmeurs et qui sont généralement la propriété de ceux qui les ont développés.

des réponses à des e-mails en analysant leur contenu. C'est une décision inattendue dans un monde aussi concurrentiel, mais qui va considérablement accélérer le développement des applications de l'intelligence artificielle.

Un jeune chercheur français, Paul Duan, veut mettre à profit l'intelligence artificielle pour se consacrer au « bien commun ». Avec son ONG Bayes Impact[1], il s'appuie sur le Big Data et des algorithmes spécialisés pour créer des relations personnalisées. Il intervient dans des domaines aussi divers que la recherche d'un emploi ou d'informations médicales, l'optimisation de parcours des ambulances pour réduire les coûts, le développement des algorithmes de détection de fraude et de prévision du risque de défaut de paiement pour les entreprises américaines de microcrédit…

Les systèmes experts, capables de réaliser des diagnostics à la place des médecins, sont un autre exemple de l'IA qui peut être inquiétant. Grâce au décryptage du génome, à la somme d'informations recueillies et aux appareils « mettables » de mesure du corps humain (les *fitness trackers* permettant le *quantified self*), un déluge d'informations se retrouve stocké dans le Big Data. Ces données de masse permettent à des systèmes experts et à des algorithmes spécifiques d'IA de recueillir les informations pertinentes, puis de les analyser et, enfin, de les traiter dans le but de résoudre des problèmes complexes.

Dans l'univers médical, par exemple, nous pouvons imaginer que, dans les années à venir, les diagnostics les plus importants et les plus sophistiqués seront

1. http://www.bayesimpact.org/about.

automatiquement prescrits par des systèmes experts à partir du Big Data sur les informations génétiques et les différents types de maladie. Un système expert est un logiciel destiné à assister l'homme en tentant de reproduire les facultés de décision ou de jugement des experts humains, et en modélisant le comportement d'un spécialiste dans un domaine de connaissance précis.

L'utilisation des systèmes experts et du Big Data, notamment par Google, risque de se faire au détriment du travail des médecins, de leur intuition, de leur capacité d'écoute et d'analyse ou de leur connaissance personnelle des patients. Ainsi, Laurent Alexandre craint que le monde médical ne perde le pouvoir face au Big Data et à l'IA: «Dans dix ou quinze ans, aucun médecin ne pourra rivaliser avec les systèmes experts pour la pose du diagnostic. La décision va passer du médecin aux algorithmes. Actuellement, Watson fait mieux qu'un cancérologue avec le cancer du poumon, car un être humain n'est pas capable d'analyser les milliards d'informations issues d'une tumeur du poumon, alors que Watson le fait en quelques secondes[1].» C'est là un enjeu que n'ont pas encore évalué le pouvoir politique et les autorités médicales françaises.

De tels systèmes experts sont déjà disponibles en France – par exemple, le logiciel Assistant Médical ou l'outil d'aide au diagnostic d'Orphanet. Tous deux s'utilisent sur Internet, en accès direct et gratuit. Assistant Médical permet, à partir d'un mot, d'un concept, d'une association de symptômes, de visualiser toutes les

1. Laurent Alexandre, «Face au Big Data, le corps médical va perdre le pouvoir», *La revue du digital*, 29 janvier 2014.

hypothèses diagnostiques possibles, chacune documentée par une fiche facilement accessible. Le moteur d'Orphanet permet une recherche de maladie rare par signes et symptômes. On peut citer également l'urgence neurovasculaire, qui bénéficie de logiciels d'aide au diagnostic de pathologies cérébrales graves. Les patients ont un « médecin virtuel » à disposition. Cet e-docteur recueille leurs symptômes et fournit en retour des conseils sur l'attitude à adopter (repos, consultation en urgence, etc.).

Toutefois, les systèmes experts ne pratiquent pas (encore) les médecines chinoise ni ayurvédique, si attentives aux signaux envoyés par le corps. Ce type de médecine nécessite en effet une relation humaine étroite, un suivi individualisé, une attention à la normalité plus qu'à la maladie, la mise en œuvre d'une médecine plus personnalisée, préventive, prédictive, et participative. Elle a déjà un nom dans les milieux médicaux internationaux : la médecine 4P (Personnalisation, Prévention, Prédiction, Participation)[1].

L'INTELLIGENCE COLLECTIVE, CLÉ DE VOÛTE DE LA SOCIÉTÉ COLLABORATIVE

Enfin, l'intelligence artificielle peut aussi s'exprimer sous la forme de l'intelligence collective. Grâce aux réseaux sociaux et à l'écosystème numérique, il existe aujourd'hui trois formes simplifiées d'intelligence

1. Voir Joël de Rosnay, « Les défis de la santé de demain : vers le "patient augmenté" », *La Tribune*, 23 février 2016 : http://www.latribune.fr/opinions/tribunes/les-defis-de-la-sante-pour-demain-vers-le-patient-augmente-552732.html.

globale. D'abord, l'intelligence « connective », c'est-à-dire la capacité des gens à tirer plus d'eux-mêmes par la connexion avec les autres. C'est le principe des réseaux sociaux. Ensuite, l'intelligence « collaborative », c'est-à-dire la possibilité de créer des conditions d'échange (parfois sans rémunération) avec d'autres personnes rassemblées dans une communauté autour d'un objectif commun : produire des logiciels, créer de nouvelles fonctions, lancer des start-ups, diffuser des informations... C'est de cette manière que sont nés des logiciels collaboratifs comme Linux ou même l'encyclopédie en ligne Wikipédia. Enfin, l'intelligence « collective », dont j'ai parlé dès 1975 dans mon livre *Le Macroscope*: une intelligence permettant la résolution de problèmes par la multitude (*crowd* ou foule) plutôt que par des experts isolés. Cette notion a été reprise avec beaucoup de compétence par le philosophe et sociologue Pierre Lévy dans ses différents livres sur l'intelligence collective [1].

Le terme d'intelligence collective (IC) est aujourd'hui fréquemment remplacé par celui de *crowd sourcing*, c'est-à-dire la possibilité de résoudre des problèmes avec l'aide d'une multitude d'humains connectés. Howard Rheingold, professeur à Stanford, a d'ailleurs publié un livre intitulé *Les Communautés virtuelles*; dans un autre ouvrage prospectif, il décrit une foule « rendue » intelligente, annonçant de nouveaux modes de coopération entre humains [2].

1. Chercheur en sciences de l'information et de la communication (SIC), spécialiste de l'impact d'Internet sur la société.

2. Howard Rheingold, *Les Communautés virtuelles*, Addison Wesley France, 1996 ; Howard Rheingold, *Foules intelligentes*, M21 Éditions, 20 mars 2005.

Il s'agit maintenant de savoir comment simuler dans des machines la capacité d'amplification de cette intelligence collective afin d'assister les humains. Comment favoriser une symbiose homme/machine pour que l'intelligence collective humaine puisse se développer plus vite et plus efficacement? Comment mettre au point, comme je le propose ici, une «intelligence augmentée collective», plutôt que de se limiter à une intelligence artificielle distincte et autonome assistant l'homme? Les projets Brain Initiative et Human Brain Simulation Project, déjà mentionnés, pourraient peut-être avoir une capacité de traitement des informations encore plus puissante s'ils agissaient collectivement. Il me semble que leur but ne devrait pas être seulement de résoudre les problèmes à la place des hommes, mais de faire bénéficier ces derniers de nouvelles dimensions cognitives, affectives, coopératives et sociétales, pour qu'ils deviennent, comme je cherche à le montrer, *encore plus humains.*

Une question demeure: les hommes parviendront-ils à surmonter leurs craintes et à s'adapter à une telle mutation? La coévolution entre l'intelligence humaine et celle des machines se poursuivant à une vitesse exponentielle, la peur de perdre ce qui constitue notre nature profonde, c'est-à-dire la capacité à transformer le monde par notre travail, se manifeste de plus en plus vigoureusement dans les sociétés humaines. Si le travail humain disparaît progressivement, remplacé par l'intelligence artificielle et les robots, quel sera le sens de la vie?

Ainsi, de tels nouveaux systèmes de codage ont conduit à ce qu'on appelle la blockchain, qui prend de plus en plus d'importance. Pour la première fois dans l'histoire des révolutions technologiques, l'une d'elles, au-delà de la révolution Internet, a la capacité d'agir sur le pouvoir vertical et centralisé qu'exercent les États sur la monnaie, mais aussi sur celui qu'exercent les banques sur les transactions financières, les notaires sur les sessions immobilières, les monopoles énergétiques sur la distribution d'électricité ou de carburant…

La blockchain est un protocole de gestion numérique de données en open source, décentralisé, infalsifiable et fondé sur les échanges de particulier à particulier (pair à pair ou P2P) dans des réseaux. Cette technologie va bouleverser le rôle des tiers de confiance et des intermédiaires dans des domaines très variés, allant de l'audit des entreprises à des systèmes électoraux et de vote en général, à la gestion des propriétés de terrains dans un cadastre ouvert et transparent, à des systèmes d'assurance quasi autonomes et autorégulés où polices d'assurance et réclamations des assurés seraient automatiquement gérées. On peut même imaginer le financement participatif de projets de start-up ou de fondations par des OAD (organismes autonomes décentralisés, DAO en anglais), des organisations fonctionnant grâce à un programme numérique qui fournit des règles de gouvernance à une communauté. Ces règles sont transparentes et immuables, car inscrites dans la blockchain.

La blockchain est en train de bouleverser tout transfert d'actif, toute conservation de données critiques dans des registres, toute signature contractuelle. En témoigne le principe des contrats intelligents (*smart contracts*) : une fois lancé, le système gère automatiquement les termes et les conditions du contrat entre les contractants. Grâce à la transparence et à l'impossibilité de falsification des blocs, chaque intervenant peut vérifier la réalisation et la justification des termes contractuels, et, dans le cas d'une transaction financière, être automatiquement réglé par transfert bancaire.

Dans le domaine énergétique, la blockchain va désintermédier les grands pouvoirs centralisés et pyramidaux des énergies fossiles et nucléaires. Grâce à la smart grid, qui permet l'adaptation de la fourniture d'électricité à l'offre et à la demande, et grâce au réseau de distribution de biocarburants produits localement dans des conditions agricoles, des particuliers vont pouvoir acheter et vendre de l'électricité ou des biocarburants de manière sécurisée et sans intermédiaire. Un tel système de vente d'électricité dans la smart grid existe déjà à Brooklyn.

Alors que l'on prédit le remplacement du travail des « cols blancs », après celui des « cols bleus », par les robots, avec la blockchain on va assister au contraire au maintien du lien humain dans l'écosystème numérique, avec de réelles opportunités de choix, de partage, de liberté d'achat ou de vente, de travail indépendant, et en même temps la catalyse et le développement de la créativité collective.

Robotique, intelligence artificielle, *deep learning, smart contracts*, blockchain… Le risque pour l'avenir de l'humanité serait de favoriser une évolution divergente et contradictoire entre deux catégories d'organismes intelligents : d'un côté, des humains biologiques à l'intelligence limitée ; de l'autre, des populations de robots bionumériques dotés d'une intelligence artificielle et menaçant notre capacité à contrôler notre propre évolution. Une évolution susceptible également de donner naissance à des monopoles numériques mondiaux incontrôlables.

Aujourd'hui, nous ne sommes plus seulement utilisateurs des réseaux auxquels nous nous connectons : nous coévoluons à l'intérieur d'un nouvel écosystème numérique qui change notre relation au monde. Un écosystème numérique qui s'autoprogramme et fait émerger et évoluer de nouveaux codes, remettant ainsi en cause les modes de gouvernance des politiques.

CHAPITRE 4

La nouvelle ère des monopoles numériques mondiaux et les dangers pour l'homme

L'écosystème informationnel dans lequel s'intègre Internet possède, comme les êtres vivants, une sorte d'« ADN » dont l'information s'est complexifiée par suite des interventions individuelles et massives des internautes. Même si la métaphore de l'ADN d'une entreprise ou d'un pays est contestée, elle me paraît utile pour résumer et illustrer la mémoire sociétale et numérique des organisations humaines. Henri Atlan critique à juste titre la notion d'ADN « programme »[1]. Pour lui, il n'y a pas seulement programmation des systèmes complexes, mais détermination et régulation par des interdépendances à plusieurs niveaux : métabolique, fonctionnel et épigénétique – l'épigénétique étant la modification de l'expression des gènes de l'ADN par le comportement[2]. C'est justement un tel codage permanent par les hommes de nouvelles

1. Henri Atlan, *La Fin du tout génétique*, INRA Éditions, 1999.
2. Voir ma vidéo « Épigénétique » sur Youtube.

fonctions dans l'écosystème numérique, grâce aux nouveaux logiciels et aux « applis », qui pourrait conduire, comme on va le voir, à l'émergence d'une forme d'« épigénétique » de l'écosystème numérique,.

LA RÉVOLUTION ÉPIGÉNÉTIQUE EN BIOLOGIE ET DANS LE NUMÉRIQUE

On sait que l'ADN des êtres vivants peut se modifier structurellement sur de très longues durées par suite des mutations et de la sélection naturelle, même si, dans une espèce, des mutations peuvent intervenir de manière rapide et successive. La *modulation* de l'expression des gènes peut aussi survenir grâce à l'épigénétique, et ce beaucoup plus rapidement que par le processus génétique darwinien de mutations et de sélection naturelle.

Pour illustrer la différence et la complémentarité entre la génétique et l'épigénétique, prenons l'exemple d'un orchestre symphonique. Dans un orchestre, chaque musicien, ainsi que le chef d'orchestre, possède sur son pupitre une *partition* écrite sous la forme linéaire d'une portée musicale comportant les clés, les notes, les silences, les soupirs, les mesures. Comparons cette partition à la longue molécule d'ADN, codée, elle aussi, sous une forme linéaire. C'est la génétique. Quant à la *symphonie*, résultant de l'intégration du jeu et de l'expression des différents musiciens, ainsi que de la qualité du chef d'orchestre, on peut la comparer à l'épigénétique.

L'épigénétique représente la possibilité de moduler l'expression des gènes par le comportement (nutrition, exercice physique et mental, management du stress, plaisir, harmonie du réseau social et familial). C'est certainement l'une des plus grandes découvertes des cinquante dernières années en biologie. Avec l'épigénétique, nous pouvons être les chefs d'orchestre de notre propre corps. Notre comportement conduit à la production dans nos cellules d'un certain nombre d'activateurs ou d'inhibiteurs, fonctionnant comme des codes et des interrupteurs chimiques qui vont éteindre, allumer, augmenter ou diminuer l'expression de certains gènes, notamment par la fixation de groupements chimiques (méthylation, acétylation) sur des protéines (histones) qui enveloppent l'ADN, ou grâce à de petites molécules d'ARN qui circulent dans le corps. Ce processus est fondamental dans la prévention de maladies, le maintien d'une bonne santé et le ralentissement du vieillissement.

L'épigénétique va certainement prendre une importance croissante dans le *management* de la santé. Mais il y a plus : elle conduit à une forme de néo-lamarckisme, qui met en lumière le rôle des parents, voire des grands-parents, dans la transmission à leurs enfants et petits-enfants de comportements (notamment la sensibilité au stress, à la dépression, au diabète, voire des addictions aux drogues, à l'alcool ou au tabac) alors que les gènes n'ont pas été modifiés. Sur le plan épigénétique, des modifications cellulaires ou métaboliques liées au comportement des parents pourront conduire, lors de la fécondation, à la transmission de codes chimiques qui orienteront le développement de l'individu dans une direction plutôt qu'une autre, comme si les individus, au-delà des gènes, transmettaient une partie de leur histoire.

D'une manière analogue, la co-création dans l'écosystème numérique détermine les directions de son évolution *et le sens de son histoire.* C'est justement sur le terrain de l'épigénétique que l'on peut tenter de réinterpréter le fonctionnement global d'Internet et sa reprogrammation dans l'écosystème numérique. L'expression de l'ADN d'Internet pourrait ainsi être modifiable *de l'intérieur* par les comportements des utilisateurs [1].

LA CO-CRÉATION NUMÉRIQUE PERMANENTE ET SON CONTRÔLE

Toute la mémoire et toute la fonctionnalité de l'écosystème numérique, de ses liens et réseaux, reposent sur des codes, des algorithmes, comme c'est le cas pour les êtres vivants. Ces codes de programmation, ou « applis », sont modifiables et évoluent en permanence. Ce « code génétique » et cette « épigénétique numérique » déterminent les grandes fonctions du système et son adaptation aux demandes et aux contraintes des utilisateurs. Ses « mutations » peuvent être assimilées aux innovations et inventions de programmeurs et de codeurs recherchant une plus grande efficacité et une meilleure réactivité. Cette découverte remarquable a de quoi fasciner. Elle peut aussi, aux yeux de certains, représenter un vrai danger.

En effet, de telles mutations peuvent aussi constituer une menace pour l'avenir d'Internet, et, à travers lui, pour les citoyens de la civilisation du numérique. Les forces en présence (entreprises, grands lobbies telles les industries financière, pharmaceutique, agroalimentaire,

1. Joël de Rosnay, « L'ADN d'Internet est-il modifiable de l'intérieur ? », *Les Échos*, 2 novembre 2012.

de l'armement, des drogues, de l'énergie, les méga-organisations et les systèmes totalitaires) tentent d'accaparer ou de détourner les ressources et le pouvoir au sein de cet écosystème. Ces organisations n'hésitent pas à désinformer, à agir sur l'information elle-même, à manipuler les cours de la Bourse et le monde financier, ou encore à mettre en difficulté des entreprises concurrentes ou identifiées comme «politiquement incorrectes», éventuellement en recrutant des *hackers* pour pénétrer et espionner des cibles stratégiques.

Sans verser dans la théorie du complot, il faut reconnaître que ces types de monopole, par nature, servent en priorité leurs propres intérêts et captent effectivement la plus grande part de la richesse. Ces attaques incessantes représentent une forme de codage indirect des fonctions globales du réseau. GAFA (Google, Apple, Facebook, Amazon) et NATU (Netflix, AirBnb, Tesla, Uber), les nouveaux maîtres du réseau mondial, exercent un contrôle invisible, mais bien réel et de plus en plus oppressant et inquiétant, sur les actions de la vie quotidienne, privée ou professionnelle, des internautes. On assiste au combat des «entreprises-États[1]» que sont devenus ces monopoles du numérique contre les États-nations centralisés, dont le temps de réaction est plus lent. En effet, la capitalisation boursière des premières et les liquidités dont elles disposent leur confèrent un pouvoir égal, voire supérieur, à celui de certains États lorsqu'ils interviennent dans les mécanismes industriels et financiers

1. Véronique Anger, «La révolution numérique n'est pas ce que vous croyez… Ou de l'État-nation à l'entreprise-État», *L'Opinion*, 25 mars 2014.

qui activent l'économie, et plus particulièrement dans l'économie numérique en temps réel. L'influence de ces entreprises sur Internet paraît illimitée, et, de ce fait, elles concurrencent, voire contredisent, la politique des nations.

Le monde politique participe lui aussi à ce jeu parfois inconscient de modification des gènes d'Internet, qu'il s'agisse de contrôler, avec le modèle traditionnel des droits d'auteur, l'échange de musiques, de vidéos et de textes sur Internet, ou d'entretenir des relations incestueuses avec des lobbies qui garantissent un soutien intéressé. Est-il donc possible de modifier profondément l'ADN d'Internet, d'exercer un contrôle multifonctionnel et multidimensionnel – bref, de prendre le pouvoir ?

Comme pour l'organisme vivant, une épigénétique d'Internet pourrait-elle assurer un co-contrôle, une co-régulation par les « utilisateurs neurones » d'Internet ? Et ces modifications « épigénétiques », découlant du comportement des internautes, pourraient-elles avoir des effets positifs pour la démographie, les libertés humaines et l'avenir de l'humanité ?

La co-révolution de la société fluide et du partage, décrite dans mon dernier essai, *Surfer la vie*, montre que le partage et la coopération peuvent conduire à des mouvements massifs sur Internet. Les actions précédées par « *crowd* » en anglais (*crowd sourcing, crowd financing*...) sont la preuve que l'intelligence intuitive d'Internet peut résoudre des problèmes complexes, que la capacité de financement collective peut favoriser le lancement de nouvelles entreprises, de même que les tableaux de bord de santé personnalisés, grâce aux smartphones, et donc à Internet, peuvent bouleverser des industries bien établies, qu'il s'agisse de l'industrie pharmaceutique ou de l'industrie agroalimentaire. On voit apparaître des *prosumer* (mot anglais formé à partir de *producer* et de *consumer* – producteur et consommateur) qui sont en train de « désintermédier » les pyramides globales qui contrôlent aujourd'hui notre vie, c'est-à-dire celles de l'énergie, de la banque, de l'assurance, du tourisme, de l'éducation, comme nous le verrons au chapitre suivant avec les entreprises maîtres dans l'art de la disruption. On pourrait donc, *de l'intérieur*, modifier ou faire modifier des règles et des lois : changer ce que le biologiste britannique Richard Dawkins appelle, non pas les gènes sociaux, mais les *memes* ou l'ADN sociétal[1].

CORÉGULATION CITOYENNE : CHACUN DE NOUS PEUT CHANGER LES CODES DE L'ÉCOSYSTÈME NUMÉRIQUE

La co-régulation citoyenne (c'est-à-dire un comportement orienté collectivement vers un même but et utilisant, pour arriver à ses fins, les réseaux sociaux comme un véritable contre-pouvoir) pourrait devenir l'arme la mieux adaptée pour lutter contre les pouvoirs totalitaires et les monopoles numériques. Comment peut-elle modifier de l'intérieur le code génétique, l'ADN d'Internet ? La question semble, en effet, fondamentale pour l'avenir de notre société, et même de l'humanité. Les réseaux sociaux, principalement animés par les générations nées avec Internet, commencent à faire sentir l'étendue de leur pouvoir lorsqu'ils s'organisent pour remettre en cause les régimes des pays totalitaires ou les

1. Richard Dawkins, *Le Gène égoïste*, Odile Jacob, 1979.

modèle économiques et sociaux des pays démocratiques. Plusieurs mouvements spontanés – les Indignés, Occupy Wall Street, les printemps arabes, le Printemps érable ou encore Nuit Debout – ont prouvé leur efficacité et affiché leur détermination, même s'ils ont été par la suite récupérés, quand ce n'était pas instrumentalisés, par le retour des pouvoirs de nature centralisée, voire totalitaire.

Une utilisation intelligente des réseaux sociaux et de la télévision, alliée aux cyberactivistes et manifestants de rue, aura contribué à faire plier les régimes les moins permissifs. On pourrait qualifier ces opérations de « cybversion ». Et que dire des actions cybversives de WikiLeaks, du collectif Anonymous ou des Pirates, incarnant cette pression du bas vers le haut : l'expression populaire massive catalysée par Internet ?

Quant à savoir si ces mouvements conduisent à modifier de manière épigénétique l'ADN d'Internet, la réponse est vraisemblablement oui. Des millions d'internautes vont réorienter leurs actions, leurs créations, leurs liens, leurs enregistrements, leurs contacts, leurs amis ou leur blog selon leur appréciation personnelle de ces différents mouvements, selon la tendance ou le « buzz » du moment. Un important travail de recherche doit être entrepris pour confirmer ou infirmer la modification épigénétique de l'ADN d'Internet. C'est d'ailleurs l'un des objectifs du Global Brain Institute que de tirer des enseignements de l'étude des ressemblances entre le cerveau humain et le cerveau planétaire. Son président, Francis Heylighen, a reçu en 2015 le prestigieux prix du Web Intelligence Consortium pour sa contribution au cerveau global et aux technologies de l'intelligence collective.

Mais des pouvoirs puissants sont à l'œuvre pour conquérir de l'intérieur et contrôler le fonctionnement de cet écosystème numérique planétaire. Ils peuvent utiliser l'intelligence artificielle, les robots, mais surtout effectuer une forme de «génie génétique» sur l'ADN d'Internet, ou plutôt de l'écosystème numérique, dont nous faisons désormais partie en tant que cellules ou neurones interconnectés.

La génétique et l'épigénétique d'Internet peuvent donc être modifiées «de l'intérieur». S'agit-il dans ce cas de la poursuite du «bricolage» de la nature vers de nouvelles formes d'adaptation? L'avenir de l'humanité devra-t-il dépendre de nouvelles formes de protection contre de telles modifications et prises de pouvoir?

Ce que je trouve fascinant dans ce processus d'extension des propriétés de notre cerveau à l'écosystème numérique et au cerveau planétaire, c'est la possibilité d'études scientifiques du phénomène global auquel nous participons. Encore une source d'émerveillement, mais celui-ci doit être nuancé par le souci de répondre à la question fondamentale du contrôle de cette évolution.

QUI VA CONTRÔLER L'«ÉPIGÉNÉTIQUE» D'INTERNET?

GAFA et NATU seront-ils les nouveaux maîtres du réseau mondial? Ces grandes firmes sont, en effet, en mesure de mettre en pratique une forme de «manipulation génétique» globale susceptible de modifier le génome d'Internet à des fins mercantiles ou d'exercice non partagé du pouvoir. On peut y voir une nouvelle forme de codage global. Ces plates-formes GAFA utilisent les informations des utilisateurs, collectées dans le Big Data, pour en extraire, par l'intelligence artificielle, des codes de programmation de nos besoins, activités et consommations. Les internautes et/ou les entreprises (séparément ou ensemble) pourraient-ils réussir à imposer à la place une multigouvernance d'Internet ?

Pour être en mesure de comprendre comment répondre collectivement à un tel risque par une forme de co-régulation citoyenne, il convient de revenir à la notion de « cerveau fluide ». Le neuropsychologue canadien Donald Hebb et le biologiste et philosophe français d'origine chilienne Francisco Varela, notamment, ont démontré que le cerveau ne correspondait pas au modèle traditionnel proposé par les neurobiologistes, et qu'il n'était pas non plus comparable à un ordinateur numérique fonctionnant en langage binaire (avec des bits de 0 et de 1). Il se reconfigure en permanence en fonction de sa communication avec le monde extérieur et avec son propre écosystème interne : réseaux, organes, tissus et cellules.

Le corps humain pourrait, lui aussi, être considéré comme « fluide », puisqu'il peut s'adapter, se mobiliser grâce aux effets de l'épigénétique. Le cerveau ne joue pas seulement un rôle hiérarchique qui commanderait le corps ; c'est une machine chimique intégrée au corps. Par exemple, des neurones possèdent des récepteurs d'hormones gastriques, tout comme l'intestin comportant cent millions de neurones, jouant ainsi le rôle d'un « cerveau abdominal » (ou entérique) qui influence notre comportement et notre santé. Des chercheurs du Salk Institute, en Californie, ont récemment découvert que le cerveau communiquait aussi avec le système immunitaire. Les trois grands réseaux de communication, de régulation et de défense du corps (hormonal, nerveux, immunitaire) sont donc en intercommunication étroite. Il en va de même pour l'interconnexion des multiples réseaux d'Internet transmettant des vidéos, des photos, des textes, des news, des réponses à des sondages, des participations, des échanges privés, des mails, des « chats »...

En juillet 2001, dans un article présenté au Global Brain Workshop [1], je décrivais la stabilisation de certaines propriétés d'Internet résultant du fonctionnement global du système et des actions des internautes. Par exemple, un nouveau programme lancé et testé par de premiers utilisateurs (bêta-testeurs) verra son usage amplifié ou, au contraire, réduit selon l'intérêt et l'efficacité que lui attribuent les internautes. On pourrait parler de *stabilisation sélective des synapses d'Internet*, comme dans le processus décrit en 1973 pour l'évolution du cerveau par le neurobiologiste Jean-Pierre Changeux et les biologistes Philippe Courrège et Antoine Danchin [2].

Si l'on évoque les rapprochements entre le cerveau et Internet, il ne faut pas oublier de citer les deux formes de communication se déroulant à l'intérieur du cerveau et dans le système nerveux. La première, la communication de neurone à neurone, est comparable à un système

1. Joël de Rosnay, « Increase of complexity of Internet interfaces and the Darwinian process of selective stabilization of Internet nodes », Summary of presentation, Global Brain Workshop, Bruxelles, 4 juillet 2001.

2. Jean-Pierre Changeux, Philippe Courrège et Antoine Danchin, « A Theory of the Epigenesis of Neuronal Networks by Selective Stabilization of Synapses », *Proc. Nat. Acad. Sci. USA*, vol. 70, n° 10, p. 2974-2978, octobre 1973.

câblé de télécommunications, passant par exemple par la fibre optique. La seconde, la communication d'astrocyte en astrocyte (les astrocytes sont les cellules gliales du système nerveux), s'apparente plutôt au téléphone cellulaire GSM. Au lieu de se propager le long de fils ou de câbles, l'information saute en quelque sorte de *hub* en *hub* (de concentrateur en concentrateur). Serait-ce la base de l'intuition, qui explore en parallèle plusieurs solutions ou mémorisations pour trouver une voie vers la résolution de problèmes ?

N'oublions pas qu'Internet est constitué de réseaux de communication globaux et ramifiés. Ces réseaux composent le système métabolique, le réseau « nerveux » et, par extension, le « corps » de la société (usines, réseaux d'échanges énergétiques ou financiers, produits manufacturés, services immatériels...). Au sein de ce corps vivant, il existe un *anabolisme* de construction et, à l'opposé, un *catabolisme* de destruction ou de recyclage. Nos sociétés se montrent de plus en plus soucieuses de réguler le métabolisme de l'énergie pour limiter les déchets et les rejets dans l'atmosphère de dioxyde de carbone, accusé de contribuer au dérèglement climatique. On peut ainsi déployer une sorte d'« Internet de l'énergie », un Enernet résultant de la connexion de smart grids, ou grilles intelligentes de distribution de l'électricité, un peu comme dans un organisme vivant. On retrouve ici à l'œuvre des principes analogues entre numérique et biologique, illustrant l'unité de la nature.

En poursuivant la comparaison avec la biologie, on constate que le nombre de « maladies » propres à Internet s'accroît. On voit apparaître, surtout par l'intermédiaire des réseaux sociaux, un Internet schizophrène, paranoïaque, mégalomane ou dépressif. Qui pourra décider de l'administration de « remèdes numériques » et de leur posologie pour traiter ces « maladies », voire guérir Internet de l'intérieur ? Peut-il exister un management global du cerveau planétaire, une gouvernance mondiale ? Pour ma part, comme je l'ai dit plus haut, j'encourage une co-régulation citoyenne par des femmes et des hommes informés qui agiraient en renvoyant l'information vers des centres décisionnels. Ils exerceraient ainsi une forme de pouvoir transversal. C'est le cas dans la société fluide – le modèle que j'ai proposé et décrit dans *Surfer la vie* –, où l'exercice du pouvoir ne s'effectue plus de façon pyramidale, mais horizontale. Chaque individu peut contribuer à changer le réseau de l'intérieur, de même que le réseau va changer chaque individu. En effet, dans tout écosystème, il y a coévolution entre nœuds, liens et réseau global.

Pour assurer la bonne santé d'Internet, il faudra concilier des valeurs qui engendrent la solidarité, l'échange, le partage, le respect mutuel dans la construction du monde de demain. Un monde, souhaitons-le, plus empathique et moins compétitif que celui d'aujourd'hui, sur lequel pèsent de lourdes menaces. Je suis conscient que passer des rapports de force aux rapports de flux, des valeurs guerrières aux valeurs solidaires, est un grand défi qui n'est pas gagné d'avance. Un vrai changement d'ère implique qu'à l'exercice *solitaire* du pouvoir électif nous préférions la pratique *solidaire* de l'intelligence collective.

Le sens de la solidarité va devenir essentiel face à la remise en cause du travail humain par l'intelligence artificielle et les robots. Puisque les codes de programmation inventés par l'homme concurrencent désormais le code du travail inventé par les sociétés humaines, il paraît d'autant plus nécessaire, à ce stade, de relier le travail, le sens de la vie et l'intelligence artificielle.

CHAPITRE 5

La mutation du travail : l'homme est-il en train de changer ?

Si le robot commence à accomplir une série d'actions précises – opérations chirurgicales, automobiles connectées… –, à quoi sommes-nous désormais utiles, nous, humains ? Que ferons-nous lorsque le mariage de la biologie, de l'électronique et de l'informatique aura libéré l'individu du travail ? Des civilisations se sont construites sur la « valeur travail ». Celle-ci s'est imposée comme l'une des valeurs fondamentales de la société, un moyen de survie économique pour la famille, et, au-delà, pour beaucoup, le principal sens de la vie et du lien social.

Le code du travail a déterminé la structure des entreprises et celle de l'économie dans son ensemble. Le contrat de travail associe pour des années, parfois pour toute une vie, une entreprise et un salarié. Ce dernier vend son temps en échange d'un salaire. Mais l'entreprise doit vérifier que le temps rémunéré est bien utilisé pour les fonctions définies dans le profil de poste, d'où la nécessité d'un espace physique dans lequel se rassemblent les salariés – un lieu matérialisé par des murs, des bureaux, une hiérarchie de commande et de contrôle.

Avec la révolution numérique et l'avènement de l'entreprise «libérée», on assiste au rejet par les jeunes générations de la hiérarchie pyramidale et des structures traditionnelles. Les hommes sont en train d'inventer un nouveau code du travail d'où émergent de nouvelles valeurs, de nouvelles pratiques et de nouveaux outils.

Ainsi de l'émergence du travail indépendant et du travail «à la demande». La mise en relation de l'offre et de la demande par des algorithmes spécifiques ou des applis sur smartphone faciles à utiliser favorise l'apparition d'un *auto-employment*, un auto-entrepreneuriat qui bouleverse la société actuelle, fondée sur la valeur travail et tout ce qui s'y rattache – protections sociales, salaire et statut social.

Dans la culture occidentale, la grande question de la fin du travail se confond donc souvent avec celle de l'utilité de l'homme pour transformer le monde, comme le disait déjà Marx.

CRÉER, PRODUIRE, COLLABORER, MUTUALISER LES MOYENS GRÂCE AU NUMÉRIQUE

Un nouveau modèle est en train de voir le jour, fondé non plus sur la seule valeur travail, mais sur la capacité de chacun de créer, produire, collaborer avec les autres, mutualiser les moyens, pour être plus libre et se réaliser. «Nous sortons de la civilisation du travail, mais nous en sortons à reculons, et nous entrons à reculons dans une civilisation du temps libéré, incapables de la voir et de la vouloir, incapables donc de civiliser le temps libéré qui nous échoit, et de fonder une culture du temps disponible et une culture des activités choisies», écrivait déjà André Gorz dans *Le Monde diplomatique* en 1990.

Le cumul entre différentes formes de travail tend à s'accroître, surtout pour qui veut conserver une certaine sécurité de l'emploi. On appelle *slashers* les personnes qui assurent plusieurs jobs à la fois, par exemple un emploi «alimentaire» et une activité indépendante qui leur procure des revenus complémentaires – commissaire d'exposition pendant la semaine, guide touristique le week-end; programmeur le jour, professeur de danse la nuit, etc. En principe, le travailleur indépendant organise son temps et gère ses activités à son gré, sans subir la volonté d'une hiérarchie. Mais ce n'est pas toujours vrai: les chauffeurs employés par Uber, par exemple, bien qu'indépendants, sont soumis à des règles contraignantes.

Déjà, un Américain sur trois – soit 53 millions de personnes – est un travailleur indépendant ou *freelancer*[1]. Selon MBO Partners, le nombre de travailleurs indépendants devrait dépasser celui des salariés d'ici à 2020 aux États-Unis. Dans ce pays, entre 2015 et 2020, la masse des travailleurs indépendants va croître de 27 %, contre seulement 5,4 % pour celle des salariés classiques. Parmi ces travailleurs indépendants, les *millennials*[2] (15-34 ans)

1. Marion Degeorges, «Les travailleurs freelance vont-ils transformer l'économie?», *Les Échos*, 29 août 2015.

2. *Millennials* est le terme employé sur les réseaux sociaux pour désigner la génération du numérique, ceux qui avaient entre 5 et 10 ans au tournant de l'an 2000. Ils sont aussi appelés génération Y, *digital natives* ou NetGen.

représentent 30 % ; la génération X (35-50 ans), 33 % ; les baby-boomers (51-68 ans), 29 % ; les seniors (plus de 69 ans), 8 %.

En France, le nombre de travailleurs indépendants a crû de 25 % en cinq ans pour atteindre 2,8 millions en 2015. Certes, le CDI reste la norme, comme le rappelle l'INSEE en 2015 : « Parmi les salariés, la forme de contrat la plus répandue est le contrat à durée indéterminée. En 2014, 86,4 % des salariés en bénéficient, 9,7 % sont en contrat à durée déterminée (CDD), 2,4 % en intérim et 1,6 % en apprentissage. » Mais pour combien de temps encore ?

DE NOUVEAUX CODES SOCIAUX POUR DES COOPÉRATIVES D'INDÉPENDANTS

On constate déjà que certaines entreprises « disruptrices » ayant joué sur l'*ubérisation* (notamment Uber, Instacart ou Heal, les services médicaux à la demande) repensent le salariat et les CDI pour leurs employés tout en veillant à conserver une grande flexibilité dans l'organisation du travail. Autrement dit, la nécessité de former leur personnel, de lui fournir une protection sociale (cotisations pour l'assurance maladie, le chômage, la retraite) et d'assurer la qualité du service les conduit à revenir à une main-d'œuvre salariée, mais capable d'une certaine forme d'autonomie dans la gestion de son temps de travail. Une nouvelle évolution se dessine : ubérisation des grands systèmes de distribution de services par la désintermédiation, mise en relation directe des usagers via des plates-formes et offres de services personnalisés grâce à des algorithmes appropriés. On observe également une reprise des contrats à durée indéterminée, même si les *slashers* occupent plusieurs jobs en même temps.

Plusieurs entrepreneurs l'ont bien compris, à la fois observateurs et acteurs des mouvements sociétaux impliquant le numérique, la robotique et les nouvelles formes de management. Pour Michel Hervé, président du Groupe Hervé et auteur du livre *Une nouvelle ère*[1], les entreprises du futur ressembleront de plus en plus à des coopératives d'indépendants[2], ce qui engendrera de nouveaux modes de gestion des entreprises.

Cette voie a déjà été ouverte par la génération du numérique. Aujourd'hui, les *millennials* trouvent du travail et des managers grâce aux nouveaux codes qui font le succès des applis de mise en relation sur smartphone. Des algorithmes et des sites Internet sont en effet conçus pour rapprocher l'offre et la demande de travail : WeWork, un Airbnb des bureaux qui s'est transformé en club de contacts pour faire du business ; Upwork, indispensable pour trouver rapidement le ou la spécialiste dont on a besoin ; Square, pour la gestion budgétaire et la comptabilité…

La France a fait un grand pas pour favoriser la création de start-ups et la mise en relation des entrepreneurs avec les intrapreneurs (ceux qui lancent leur projet au sein d'une grande entreprise). C'est le cas notamment à Paris, où se développent des incubateurs et des pépinières d'entreprises tels que La Ruche, Numa, La Paillasse

1. Michel Hervé, *Une nouvelle ère*, François Bourin Éditeur, 2015.

2. On le voit déjà avec les « Makers », des artisans du numérique qui regroupent leurs micro-entreprises de co-productions d'objets fabriqués avec des imprimantes 3D.

(labos ouverts de biologie), le Village du Crédit Agricole, We Are Innovation de BNP Paribas, Le Cargo à la fin de 2016, ou encore le plus gros incubateur de start-ups au monde, lancé à la Halle Freyssinet par Xavier Niel, le fondateur de Free. En dehors de la capitale, on peut aussi citer le projet Darwin, un incubateur pour l'économie verte à Bordeaux.

La «valeur travail» et les contraintes imposées par les parents ou les employeurs sont de plus en plus contestées par les *millennials*, surtout dans le cadre du contrat de travail classique et de l'organisation hiérarchique de l'entreprise. Diana Filippova, membre de la communauté OuiShare et co-auteur du livre *Société collaborative*[1], critique sévèrement «le travail à tout prix», sans considération pour les nouvelles formes de travail: «Entre les discours sur le travail que vous – élus, dirigeants, syndicats, prétendants au pouvoir – proférez et les preuves objectives, un gouffre s'est creusé. Les tâches les plus variées nous échappent chaque jour au profit des machines, et pourtant vous érigez encore l'emploi en garant de tous nos droits – santé, vieillesse, citoyenneté – et de notre bonheur [...]. Aujourd'hui, votre discours a perdu le ton enjoué du siècle dernier et s'est teinté d'intonations culpabilisantes, moralisatrices, prescriptrices. Il faut travailler à tout prix, dites-vous, car l'effort mène au salut psychologique et social tandis que l'inactivité condamne notre société à l'assistanat permanent[2].»

1. Diana Filippova (dir.), *Société collaborative. La fin des hiérarchies*, Rue de l'Échiquier, 2015.

2. « Lâchez-nous avec la valeur travail», *La Tribune*, 24 juillet 2014.

Il faut donc réinventer, voire réenchanter le contrat social, imaginer une autre manière de redistribuer les richesses et partager au mieux les gains de l'énorme productivité actuelle et à venir. Cette question philosophique et éthique du travail se pose depuis l'origine de l'humanité. Les robots et, plus largement, la robotique ne nous feront pas échapper à ces questionnements. Le partage intercréatif, l'émergence de la personne, la coéducation et les systèmes innovants comptent parmi les phénomènes les plus significatifs de l'immersion dans l'écosystème numérique. Désormais, c'est l'abondance, la variété et la diversité que le politique va devoir gérer, lui dont l'univers est régi par les statistiques, les probabilités et les sondages d'opinion.

Le philosophe des mutations Bernard Stiegler a alerté sur les enjeux et les risques liés à ces grandes mutations (sociales, politiques, économiques, psychologiques, anthropologiques) découlant des technologies numériques. Il propose des solutions concrètes pour éviter cette fin du travail, notamment en remplaçant le travail par une œuvre : passer du travail producteur au travail créateur. Une action constructive et créatrice, individuelle ou collective, qui donne du sens à la vie et remplace l'éthique de la « valeur travail »[1]. Pour Dominique Méda, professeure de sociologie à l'université Paris-Dauphine, « il est temps d'en terminer avec cette société fondée sur le travail ». Philosophiquement, cette prétention du travail à être la base du lien social ne tient pas,

1. Bernard Stiegler, « Nous entrons dans l'ère du travail contributif », *L'Obs*, février 2013. Voir aussi *La Société automatique. L'avenir du travail*, Fayard, 2015.

estime-t-elle. Certes, le travail est facteur de production, créateur de richesse, mais la société ne repose pas uniquement sur l'économie, pas plus que le travail ne reposerait uniquement sur un contrat.

LES ENTREPRISES DISRUPTIVES QUI BOULEVERSENT LES HIÉRARCHIES DE CONTRÔLE DU TRAVAIL

Le contrat de travail enferme aujourd'hui la logique de croissance et d'expansion dans une matrice à deux cases : temps contre salaire. Les règles traditionnelles de l'unité de lieu, de temps et de fonction bloquent l'essor de l'économie du numérique. Mais, si l'on peut travailler à distance, on peut aussi travailler en temps choisi, effectuer simultanément ou séquentiellement plusieurs tâches de nature différente, comme l'a parfaitement compris la génération des *freelancers* et des *slashers.*

Travail choisi, temps choisi : les outils modernes du numérique et les « applis » de mise en relation permettent de gérer plus efficacement le temps et l'information, puisque les savoirs, donc les compétences, peuvent s'obtenir « online ». En effet, la puissance et la mémoire d'un smartphone d'aujourd'hui dépassent largement celles des ordinateurs les plus puissants des années 1980-1990. Comme le rappelle le Dr Michio Kaku, prospectiviste : « Aujourd'hui, votre téléphone portable a plus de puissance informatique que tous les ordinateurs de la NASA en 1969, quand l'Agence a placé deux astronautes sur la Lune. » Il convient d'ajouter à cette puissance la diversité des 2,8 millions d'applications téléchargeables sous IOS ou Android, qui couvrent pratiquement tous les besoins personnels et professionnels représentés par les logiciels de jadis.

Des sondages d'opinion indiquent que les salariés sont ouverts à des formes complémentaires de rémunération. À une augmentation de salaire certains préféreront une amélioration de la qualité de vie au travail (QVT), une formation, une réduction du temps de travail, la création d'une « épargne temps ». De leur côté, certains pays comme la Finlande vont jusqu'à proposer un revenu minimum universel, une allocation de base garantie pour tous. Une idée qui fait son chemin aux États-Unis avec l'UBI (Universal Basic Income), mais aussi en Europe, notamment en France, où un rapport du Conseil national du numérique portant sur l'idée d'un revenu minimum universel a été remis à la ministre du Travail [1].

Pour les *millennials*, il s'agira moins de « chercher un emploi » que de « créer une activité », moins d'avoir un « job » qu'un « rôle ». Pour les DRH, il ne s'agira plus seulement de « sélectionner » un(e) candidat(e) à un poste en fonction de ses compétences et de sa correspondance avec un profil idéal pour l'entreprise, mais de former des personnes motivées ayant acquis une expérience par la coéducation et la formation online. Les habitués des réseaux sociaux et des blogs pratiquent déjà une nouvelle forme d'économie baptisée « troc d'information ». Une création originale (logiciel, texte, conseils, musique, graphisme, audiovisuel...) est mise gratuitement à la disposition des utilisateurs. En retour, les créateurs sont

1. Conseil national du numérique (CNN), *Travail, emploi, numérique : les nouvelles trajectoires*, remis le 6 janvier 2016 à la ministre du Travail.

« rémunérés » en information à plus haute valeur ajoutée – par exemple, des références, des liens cliquables, des graphiques ou des images plus spécifiques. La matrice traditionnelle s'élargit : aux deux cases du contrat de travail, temps contre salaire, viennent s'ajouter de nouvelles cases, lignes et colonnes : information, valeurs, reconnaissance, bénévolat…

La sphère des activités « rémunérées » par ces nouvelles formes d'échange est en expansion. C'est une des caractéristiques fondamentales de la société collaborative et de la co-économie, dont l'un des principes consiste à vendre, acheter, louer, échanger, troquer des biens, des savoirs ou des services entre particuliers, sans intermédiaires, grâce à des plates-formes Internet de mise en relation. L'économie collaborative est l'illustration la plus frappante du décalage culturel lié à l'essor de l'écosystème numérique et de l'Internet des objets connectés. C'est une nouvelle forme de gestion des ressources, des biens, mais aussi des connaissances, fondée sur le partage et l'échange. Grâce à la blockchain, elle trouve toute sa puissance dans cette « société fluide » qui se construit sur des rapports de flux, et non seulement des rapports de force.

Ce phénomène a été parfaitement compris et intégré par GAFA et NATU, qui tirent profit de leurs propres *consommacteurs* pour créer de la valeur ajoutée à partir des données personnelles fournies par les internautes recourant à leurs plates-formes, données qu'ils revendront ensuite sous diverses formes à d'autres clients[1]. Le

1. Voir à ce sujet l'excellent livre de Phil Simon, *The Age of the Platform*, Motion Publishing, 2011.

système est en principe vertueux, puisqu'il fonctionne grâce au « *win-win* » (gagnant-gagnant). Il nécessite peu d'investissements au départ si l'on considère, en retour, la vitesse de la valorisation de l'entreprise par ses *stakeholders* (parties prenantes) et l'accroissement de sa capitalisation boursière. Évidemment, des risques majeurs existent : ceux de la constitution de nouveaux monopoles du numérique, d'atteintes à la vie privée et, pour les entreprises traditionnelles, de désintermédiation ou de disruption de leurs fonctions et image de marque.

Une nouvelle génération d'entreprises ou de plates-formes « disruptives » est en train de voir le jour, avec la plus forte croissance de toute l'histoire de l'industrie. Les rois de la disruption s'appellent Uber, Airbnb, Alibaba, Netflix, Twitter, WhatsApp, Instacart… Comment ont-ils réussi ? Ils se sont imposés grâce à une structure et à des fonctions simplifiées : une fine couche organisationnelle est positionnée au-dessus de grands systèmes d'approvisionnement (où se situent les coûts) et interagit avec une multitude de personnes (où se situe l'argent). Cette interaction est optimisée grâce à des systèmes de codes traduits en « applis » pratiques qui mettent en relation l'offre et la demande de services, de produits ou de travail.

Uber, la plus grande entreprise de taxis au monde, ne possède aucun véhicule. Facebook, le propriétaire du média le plus populaire au monde, ne crée aucun contenu. Airbnb, le plus grand fournisseur d'hébergements au monde, ne possède aucun immeuble. Alibaba, la plus importante entreprise d'e-commerce au monde, n'a aucun stock…

On assiste à de nouvelles formes de troc, d'échange de marchandises, mais aussi à l'essor du volontariat, du bénévolat, de l'assistance humanitaire, des mouvements associatifs, des mutuelles… Ces activités créent du « capital-temps » dont on peut utiliser les « intérêts », et du « capital-information » qui permet, grâce au temps investi, d'accélérer et de rendre plus efficaces des processus de travail en équipe où de nombreux modules fonctionnent en parallèle. Se poursuit ainsi le processus d'unification des phénomènes de coopération et d'échange dans la co-économie, base de l'unité de la nature, comme dans les cycles écologiques – processus illustré par l'économie circulaire et l'écologie industrielle décrites à la fin du chapitre 2.

Comment concilier le noyau dur de l'économie marchande, né de la société industrielle, et la sphère en expansion des activités immatérielles liées à la diversification et à la complexification de l'écosystème numérique ? Il faut repenser en profondeur la relation entre le temps, la durée et la nature du travail pour créer un nouveau contrat social et promouvoir la charte universelle d'une révolution positive. Ce qui implique d'inventer un nouveau *code* du travail s'appuyant sur les progrès du numérique et des sciences cognitives ; il poursuivrait le rôle des *codes cachés* à la base de l'unité de la nature

Une des clés du développement économique de la société du XXIe siècle se trouve sans doute dans ce point de transition. Puisqu'il est actuellement impossible de faire croître le « noyau dur » de l'économie classique, ne faudrait-il pas tenter de l'associer à une sphère d'activités en expansion elle-même créatrice indirecte d'emplois ? La densité de la nouvelle sphère des échanges et des contacts dans l'écosystème numérique laisse présager une telle possibilité. L'homme et les contenus des messages qui donnent du sens à son action sont au cœur des réseaux de demain. L'emploi ne résultera pas de mesures ponctuelles et incompatibles entre elles, mais d'un changement des relations entre le temps, l'espace et le travail dans une société interactive encourageant le sens des responsabilités.

LA DÉCONNEXION DES POLITIQUES DANS L'ÉCOSYSTÈME NUMÉRIQUE

La vision politique de la société industrialiste est enfermée dans une logique héritée du XIXe siècle : gestion de la rareté, concentration sur les processus de production et de distribution, spécialisation des tâches, contrôle et programmation des activités. Pourtant, aujourd'hui, la gestion de l'abondance (notamment de l'information), de l'obsolescence, l'importance de la transaction, le pilotage et la catalyse sont l'essence même de la société numérique collaborative. Il convient donc de favoriser tout ce qui améliore la densité des interactions et des transactions : désynchronisation des tâches par le temps partiel, le temps partagé, l'épargne-temps, le temps choisi ; délocalisation des activités, permise par la réduction des coûts de communication, la démocratisation et la simplification de l'usage des smartphones et des tablettes ; réorganisation des lieux de travail (bureaux mobiles, entreprises virtuelles) ; diversification des fonctions par l'aide aux entrepreneurs, la création de pépinières d'entreprises, les avantages fiscaux et la protection sociale accordés aux indépendants ; valorisation de l'expérience des plus âgés afin qu'ils puissent transmettre leurs connaissances par la coéducation intergénérationnelle et rayonner longtemps…

Laure Belot, dans son remarquable livre *La Déconnexion des élites*[1], dénonce le fossé entre, d'une part, la pensée ou l'action politique traditionnelle et, d'autre part, l'émergence de la «génération du Millenium» à l'échelle internationale. Ce décalage est la conséquence d'un changement de paradigme et d'un saut culturel. La pensée cartésienne, analytique, linéaire, séquentielle et proportionnelle, partagée par tant de politiques et d'industriels formés aux mathématiques et au droit, appartient à l'ancien paradigme. La culture de la complexité, qui est partie intégrante du nouveau paradigme, se réfère à la pensée systémique, au non-linéaire, au multidimensionnel et à la culture numérique transgénérationnelle. Elle intègre la dynamique due aux effets d'amplification. Les caractéristiques du nouvel espace économique, socio-culturel et immatériel de l'écosystème numérique échappent aux analyses de ceux qui vivent et raisonnent sur les bases de l'ancien paradigme. Elles leur sont invisibles.

Il existe donc aujourd'hui deux cultures chez les décideurs politiques et industriels, et ce nouveau clivage culturel apparaît souvent plus marqué que les traditionnels clivages politiques. Et il ne s'agit pas seulement d'un fossé entre les générations, mais d'une nouvelle approche de la complexité et de l'environnement immatériel. Seule une telle approche multidimensionnelle permettra de jeter les bases de la charte universelle d'une

1. Laure Belot, *La Déconnexion des élites. Comment Internet dérange l'ordre établi*, Les Arènes, 2015.

révolution constructive et de la co-construire. Cette nouvelle culture devra aussi intégrer les enjeux liés à la prolongation de la durée de vie, aux progrès des neurosciences, aux risques des idéologies transhumanistes et d'une perte du sens de la vie dans l'éventualité d'une appropriation du travail des hommes par l'intelligence artificielle et les robots.

CHAPITRE 6

Du transhumanisme à l'hyperhumanisme

Un changement majeur est en train de se produire dans nos visions du futur numérique. Les craintes de Bill Gates, Stephen Hawking et Elon Musk à propos de l'intelligence artificielle évoluent. En décembre 2015, à San Francisco, Elon Musk a revu sa position en annonçant qu'il allait financer des recherches sur l'intelligence artificielle. À cette occasion, le très médiatique patron de Tesla a évoqué « une IA qui serait une extension de vous-même, si bien que chaque personne serait en symbiose avec une IA, contrairement à un scénario dans lequel l'IA serait une énorme intelligence centrale indépendante. On peut penser à la façon dont on utilise les applications sur Internet, par exemple. Vous avez vos emails, vos réseaux sociaux et les applications sur votre smartphone : ils vous rendent effectivement surhumain, et vous n'y pensez pas comme à une entité indépendante, vous les considérez comme une extension de vous-même[1] ». Il est allé encore plus loin au printemps 2016 en proposant de rendre accessible l'intelligence artificielle à tous avec le projet Open AI, auquel travaillent les meilleurs chercheurs du monde et que soutiennent deux autres milliardaires, Peter Thiel et Reid Hoffman, à hauteur de un milliard de dollars.

L'INTELLIGENCE ARTIFICIELLE N'EST PAS CONCURRENTE DE L'HOMME ET DE SON TRAVAIL

J'estime cependant – et je ne crains pas de l'écrire – que Gates, Hawking et Musk commettent une erreur lorsqu'ils analysent les risques de l'intelligence artificielle. Certes, ces éminentes personnalités ont compris que l'évolution exponentielle allait conduire les machines à devenir de plus en plus intelligentes, et les robots de plus en plus interdépendants. Elles imaginent même qu'ils seront capables de s'autoreproduire et de se co-éduquer, atteignant ce que le futurologue Ray Kurzweil, fondateur de la Singularity University, appelle un « point de singularité ». Il s'agit d'un point qu'il situe autour de 2040-2050 et à partir duquel les machines deviendraient plus intelligentes que les humains. Elles seraient alors non plus de simples assistants ou outils, mais pourraient constituer un facteur déterminant de l'évolution de l'humanité.

Cependant, ces pionniers ont tort, me semble-t-il, de penser que les mutations biologiques du cerveau se

1. « Interview d'Elon Musk, l'homme qui veut empêcher les machines de prendre le pouvoir », par Steven Levy, *L'Obs*, 30 décembre 2015 ; initialement publié sur Ulyces : http://www.ulyces.co/steven-levy/interview-delon-musk-lhomme-qui-veut-empecher-les-machines-de-prendre-le-pouvoir-openai/.

feront beaucoup plus lentement que les évolutions des ordinateurs et des robots. Cette erreur s'explique par le fait qu'ils n'ont pas (encore) intégré l'approche « biotique » résultant du mariage de la biologie et de l'informatique[1]. Ils n'ont pas saisi l'opportunité d'une association entre les cerveaux humains, les robots et l'IA : *intégrés dans un tout, ils peuvent former une sorte d'organisme vivant.* Même composé de biologique, de mécanique, d'électronique et de numérique, cet organisme hybride cerveaux/robots reste, de mon point de vue, « vivant » et susceptible d'une évolution exponentielle elle-même aussi rapide, sinon plus, que celle des ordinateurs et des robots.

Il est vrai que l'évolution darwinienne par mutations et sélection naturelle peut s'étaler sur des milliers, des dizaines de milliers, voire des millions d'années, alors que l'évolution exponentielle des robots et de l'IA est annuelle, ou même mensuelle. On retrouve dans les craintes de ces personnalités influentes la célèbre divergence temporelle entre progression géométrique et progression arithmétique que Malthus avait déjà signalée en comparant la vitesse de l'évolution démographique conduisant à la surpopulation et celle de la capacité de l'humanité à produire suffisamment de nourriture pour sa survie. Cette critique est reprise dans le « mythe de l'intelligence artificielle » par des experts comme Kevin

1. Joël de Rosnay, « La biotique : vers l'ordinateur biologique ? », *L'Expansion*, 1er-21 mai 1981 ; Joël de Rosnay, « De la biologie moléculaire à la biotique », dans « Biotechnologies : réalités et perspectives », numéro spécial de *Cellular and Molecular Biology*, vol. 47, 2001, p. 7-16 : http://goo.gl/2xfnyx.

Kelly (le fondateur de *Wired Magazine*) et Jaron Lanier (l'un des pères de la réalité virtuelle)[1].

Les nouvelles technologies des neurosciences permettent de pénétrer à l'intérieur du cerveau ; il devient ainsi possible de mieux comprendre son fonctionnement, d'augmenter ses capacités et donc de permettre à l'homme de travailler avec les machines plutôt que contre elles. En effet, l'intelligence *augmentée* de nos cerveaux interconnectés en symbiose avec les robots, l'IA et les réseaux numériques est en train d'évoluer en parallèle et à une vitesse exponentielle. Un processus qui pourrait ouvrir de nouveaux champs d'exploration et libérer de nouvelles dimensions encore inconnues du cerveau humain, plutôt que de conduire à sa domination par les machines. Ce, bien entendu, à condition que nous parvenions à assurer la complémentarité entre IA et cerveaux humains interconnectés.

On peut imaginer le potentiel d'une telle symbiose pour l'avenir de l'humanité : des hommes au cerveau augmenté, comme notre corps l'a été, sans que nous nous en soyons vraiment rendu compte, par les machines mécaniques, l'automobile, l'avion, la télévision, l'ordinateur ou les mémoires numériques. Mais cette fois il s'agit de notre capacité à penser, à raisonner, à comprendre la complexité et à agir sur elle. La promesse d'une nouvelle étape de l'évolution de l'humanité, riche d'espoirs, mais aussi de défis et de dangers.

C'est bien dans ce contexte que j'inscris le message de ce livre : l'évolution exponentielle d'une humanité

1. « The Myth of AI », Edge.org, 14 novembre 2014 : www.edge.org/conversation/the-myth-of-ai#25991

intégrée à des outils numériques et techniques, et en étroite symbiose avec eux. Une évolution conduisant à un macro-organisme planétaire poursuivant l'unité de la nature et sa destruction/reconstruction (son « bricolage », selon François Jacob), et permettant à l'humanité d'atteindre des espaces à ce jour totalement inexplorés.

Mon émerveillement devant le « bricolage » de la nature n'occulte pas les dangers liés au « point de singularité » que nous venons d'évoquer. Le risque de laisser aux mains de quelques-uns le contrôle de l'écosystème numérique est bien réel. Quand Ray Kurzweil a lancé l'idée du « point de singularité », l'objectif était clairement d'évaluer le pouvoir et la puissance des technologies numériques. L'alternative est la suivante : ou bien le pouvoir nous échappe parce qu'il est récupéré par l'IA et les robots, ou bien nous devenons de plus en plus puissants et efficaces… mais de moins en moins humains. C'est la brèche entrouverte par les adeptes du transhumanisme.

La notion de singularité nous entraîne vers cette question, souvent abordée dans mes ouvrages, en particulier *Le Macroscope* et *L'Homme symbiotique* : le point à partir duquel le cerveau planétaire, construit par l'interconnexion des réseaux numériques et matériels des sociétés humaines (MOP pour macro-organisme planétaire ou cybionte, comme je les avais appelés), *va se penser lui-même.* Les neurobiologistes estiment qu'à partir d'une certaine densité d'informations et d'interconnexions du cerveau naît la pensée réfléchie : le cerveau *sait qu'il sait.* C'est justement pour cette raison que l'homme est « dénaturé », comme l'avait souligné

Vercors[1]. L'homme et la nature font deux, alors que l'animal est *dans* la nature. Il ne se conçoit pas en dehors d'elle. Le macro-organisme planétaire va suivre un processus analogue à celui de la conscience réfléchie : il va désormais savoir qu'il sait, ce qui semblait être jusqu'à présent le propre de l'humain.

De fait, il arrivera inévitablement un moment où la densité des informations stockées, la densité des interrelations entre les humains, la rapidité des échanges seront telles que l'écosystème numérique parviendra à ce seuil de mutation. Nous vivrons alors une phase inédite de l'évolution de l'humanité, un moment unique : celui où les hommes auront créé un organisme vivant biologique, cybernétique, électronique, mécanique et numérique qui non seulement existe, mais *sait qu'il existe...* Se posera alors la question des « intentions » ou des « objectifs » de cet organisme qui se pense lui-même. Va-t-il s'autoprogrammer, continuer à créer ses propres codes ? Va-t-il considérer qu'il est en symbiose avec les humains et qu'il a besoin d'eux pour vivre et se développer, comme un corps avec ses milliards de cellules interconnectées ? Cherchera-t-il au contraire, comme une sorte de Big Brother ou de Frankeinmonde, à dominer les hommes, à les détruire progressivement pour son seul avantage, voire à poursuivre son propre développement *sans eux* ?

De mon point de vue, le défi pour l'humanité dans ce que nous nommons l'intelligence artificielle et l'intelligence collective est donc de se préparer à l'avènement d'un système qui se pense lui-même. Les enjeux

1. Vercors, *Les Animaux dénaturés*, Le Livre de poche, 1975.

politiques, industriels, écologiques, économiques, culturels, éducatifs, sont immenses, et même impensables dans nos systèmes politiques et institutionnels actuels. L'humanité doit tenter d'anticiper cette occurrence pour agir en conséquence, en faisant en sorte que l'homme symbiotique existe réellement dans un univers symbiotique plutôt que dans des relations de parasitage ou de dominants/dominés.

Comme nous l'avons vu avec les progrès de la biologie et du numérique, la frontière entre humains, mécanique et électronique disparaît progressivement. Grâce à la neurobiologie synthétique, l'homme peut entrer en symbiose de plus en plus étroite avec les machines numériques et tirer un bénéfice de sa complémentarité avec les robots et l'IA. Déjà, les objets connectés dans l'écosystème numérique (IOT ou Internet des objets), comme les smartphones, les thermostats ou les biocapteurs pour l'e-santé, agissent en étroite symbiose avec les humains. Bien loin du cyborg, de l'homme bionique ou de Superman, nous parlons d'un humain symbiotique relié à un macro-organisme planétaire construit de l'intérieur et dont nous constituerions les cellules et les neurones. Mais de quoi s'agit-il vraiment : d'un être symbiotique ou d'un transhumain ?

LES PIÈGES DE L'IDÉOLOGIE TRANSHUMANISTE

Au cours des quinze dernières années, la vision transhumaniste est née pour penser et agir au-delà de l'humain. Dans les années 1970 déjà, bien avant la tentation transhumaniste, certains philosophes et sociologues parlaient de société post-industrielle. Le sociologue Alain Touraine décrivait ainsi l'émergence d'un système socio-économique plus complexe dans son organisation et doté de propriétés nouvelles. Il y voyait aussi une menace pour les individus et la démocratie, parce que, selon lui, la connaissance et l'information seraient de plus en plus réservées à une élite. Aujourd'hui, pour le philosophe Jean-Michel Besnier, les utopies post-humaines nous obligent à évaluer notre capacité à engager le dialogue avec cet « autre », qu'il soit machine, robot ou cyborg [1].

Le transhumanisme du XXIe siècle va beaucoup plus loin [2]. Pour les figures phares de ce mouvement – l'Américain Ray Kurzweil, le scientifique anglais Aubrey de Grey, la présidente de H+, Natasha Vita-More, ou encore les fondateurs de la World Transhumanist Association, Nick Bostrom et David Pearce –, la réparation et la reconstruction de l'homme par l'homme est réalisable grâce aux cellules embryonnaires, à l'organogenèse, aux bio-imprimantes 3D, à l'implantation dans le cerveau ou le corps de puces électroniques capables de corriger certaines fonctions métaboliques, etc. Ce processus s'apparente à la maintenance d'un équipement complexe dont les pièces sont réparées ou changées à mesure que des mal-fonctions ou des baisses d'efficacité sont détectées. Selon les adeptes du transhumanisme, l'homme transhumaniste pourrait ainsi vivre pendant des centaines, voire un millier d'années !

Le transhumanisme annonce une ségrégation de l'humanité entre les individus capables de se doter des outils,

1. Jean-Michel Besnier, *Demain les post-humains*, Fayard, coll. « Pluriel », 2012.

2. Voir l'excellente analyse philosophique du transhumanisme par Luc Ferry, *La Révolution transhumaniste*, Plon, 2016.

des transplantations, des organes artificiels ou naturels réimplantés dans leur corps pour survivre plusieurs centaines d'années – ou tout au moins repousser le plus loin possible l'échéance de la mort – et ceux qui n'en auront pas les moyens ou l'envie. Les adeptes du transhumanisme pensent avoir trouvé la parade au dépassement de l'homme par l'intelligence artificielle en créant des suprahumains et une supra-intelligence individuelle, notamment par l'implantation de puces électroniques dans le cerveau. Il ne s'agit de rien de moins que du recodage ou du transcodage de l'humain.

Nous devons le mot transhumanisme à Julian Huxley (1887-1975), frère d'Aldous, qui l'inventa en 1957. Plus proche de nous, dans les années 1980, Eric Drexler a appliqué les principes des nanotechnologies à la construction de structures vivantes programmées de l'intérieur, en utilisant la démarche rationnelle des scientifiques et des outils nanotechnologiques appropriés (par exemple des nano-assembleurs). Son livre *Engines of Creation*[1] a marqué une étape déterminante sur la voie des nanotechnologies appliquées à la reprogrammation biologique de l'homme, et même à l'industrie. Cette approche est aujourd'hui mise en œuvre par des pionniers de la biologie de synthèse comme George Church ou Craig Venter[2]. En 1998 a été créée la World Transhumanist Association (WTA), qui a conduit à une Déclaration des droits transhumanistes publiée

1. Eric Drexler, *Engines of Creation. The Coming Era of Nanotechnology*, Anchor Editions, 1987.

2. Sur la biologie de synthèse, lire Joël de Rosnay et Fabrice Papillon, *Et l'homme créa la vie*, Les Liens qui libèrent, 2010.

sur Internet. Des entreprises apparentées aux transhumanistes, comme Alphabet Inc. (la société holding regroupant toutes les activités de Google), la société de biotechnologies Calico (California Life Corporation) ou Google X Lab, veulent nous vendre la fin de la mort, comme elles nous avaient déjà vendu la fin de la perte de temps avec les moteurs de recherche. Considérant que le temps (toujours trop rare, donc forcément cher) est une donnée que les gens sont prêts à acheter au prix fort, ces entreprises veulent finalement nous vendre le temps ultime ! Nous ne voulons pas vieillir, encore moins mourir. L'objectif des entreprises transhumanistes est de permettre d'acheter la faculté de ne pas mourir, ou de vivre plus longtemps dans les meilleures conditions possible : vieillir jeune plutôt que vivre vieux…

REMETTRE LE TRANSHUMANISME À SA JUSTE PLACE

Selon moi, le transhumanisme n'est pas un humanisme. Ce dernier implique toutes les valeurs qui permettent à l'homme d'être le plus humain possible, de promouvoir ses caractéristiques intrinsèques, à la fois biologiques, physiologiques et mentales. Il incarne toute pensée qui met au premier plan de ses préoccupations le développement des qualités essentielles de l'être humain, telles que la bonté, la générosité, l'empathie, l'altruisme, la solidarité, la fraternité. L'humanisme est la reconnaissance de la vulnérabilité de l'individu et d'une humanisation par la relation vitale à l'autre. C'est l'affirmation de la dignité et de la valeur de tous les individus. Or le transhumanisme nie l'altérité et la vulnérabilité native de l'homme comme moteurs de son humanisation. C'est pourquoi il m'apparaît plutôt comme une démarche élitiste, égoïste et narcissique.

Élitiste, parce que les transformations prévues sur le corps ou le cerveau permettant d'intégrer de nouvelles capacités sont réservées à quelques privilégiés disposant des moyens financiers nécessaires.

Égoïste, parce que tout ce qui vient de la nature doit retourner à la nature. Dans tous les aspects de l'évolution, on constate que la vie et la mort sont indissociables et indispensables l'une à l'autre. Or le transhumanisme se concentre sur l'individu qui ne veut pas mourir, et donc qui pourrait ne pas mourir au détriment de la collectivité sociétale et des autres êtres humains dans le monde, qui sont à des étapes différentes de modification de leur propre corps ou de leur propre cerveau.

Narcissique, enfin, parce que la quête d'immortalité risque de conduire à un conflit entre les jeunes générations et les anciennes autour de l'accès aux ressources et au pouvoir. Cette vision ne tient pas compte de l'empathie et de la solidarité nécessaires dans le monde. Comment imaginer, en effet, une société du partage, une société collaborative fondée sur l'échange de valeurs, avec des individus transhumanistes ou transhumains isolés les uns des autres et qui ne communiqueraient plus que par des réseaux numériques et des réseaux sociaux?

Même si les dangers d'une domination d'une caste sur une autre et de l'eugénisme ne sont jamais loin, il est essentiel de ne pas confondre l'idéologie transhumaniste et les avancées scientifiques et techniques transhumanistes. Celles-ci doivent être prises en considération, surtout si elles permettent de repousser les limites du corps humain, d'allonger l'espérance de vie et de contribuer à une évolution humaine et sociétale positive en instaurant, grâce aux NBIC (nanotechnologies, biotechnologies, infotechnologies et sciences cognitives), une symbiose entre biologie-mécanique-électronique et numérique. Les transhumanistes repoussent les limites des recherches sur les maladies dégénératives et la dégradation progressive des fonctions de base du corps. Pour les biologistes, cela signifie mieux comprendre les mécanismes du vieillissement et de la mort. Même si l'on est en droit de critiquer leur idéologie élitiste, les transhumanistes stimulent l'esprit de la recherche et la réflexion philosophique sur la vie et la mort. Je partage avec Luc Ferry cette vision positive de leur approche.

Si l'homme disposait du pouvoir de repousser la mort, il risquerait aussi de brûler des étapes dans sa propre vie. En effet, une personne qui vit cinq cents ans va-t-elle revivre plusieurs fois les mêmes stades de l'adolescence, de la jeunesse, de la vie adulte ? Quelle sera sa vie professionnelle ? Sa vie de senior ? Ces différentes étapes seront-elles diluées dans la durée, chacune s'étalant par exemple sur cent ans ? Ou l'individu transhumaniste prolongera-t-il son vieillissement pendant cinq cents ans ? Cette question est fondamentale, car ce qui fait le plaisir de la vie, c'est d'être capable de se construire soi-même en passant d'une étape à une autre : de l'enfance à l'adolescence, puis à l'âge adulte, la personne professionnelle active devenant parent, puis grand-parent, jusqu'au senior, qui porte sur le monde un regard chargé de toutes ses expériences, des actions, espérances, émotions partagées tout au long d'une vie, toujours trop courte, mais souvent intense à l'échelle humaine.

Le transhumanisme, tant qu'il ne sait pas dire quelles étapes de la vie d'un homme seront prolongées, risque de sombrer dans le chaos et le néant, laissant l'homme dépourvu face à la signification qu'il donne à son existence. Au-delà des avantages scientifiques à aller plus loin dans ces recherches, la voie du transhumanisme me paraît être une voie sans issue. Un *dead end*, comme disent les Britanniques. Reste que réussir à faire émerger une autre forme d'intelligence pour contrôler le pouvoir de l'intelligence artificielle et des robots me semble fondamental pour l'avenir de l'humanité. Voilà pourquoi je propose de passer de l'intelligence artificielle à l'*intelligence augmentée*.

VERS L'INTELLIGENCE AUGMENTÉE : NANOBIOTECHNOLOGIES ET NANOROBOTS

Grâce aux nanotechnologies, aux nanorobots et à des nanofibres optiques, il deviendra bientôt possible d'implanter des sondes ou des processeurs dans des neurones et de les connecter de l'extérieur ou de l'intérieur du corps. Nous permettrons ainsi à certains de nos neurones ou à des zones de notre cerveau d'être directement reprogrammables depuis un accès extérieur qui serait par exemple une machine d'intelligence artificielle ou d'intelligence collective, dans le sens que je lui ai donné précédemment.

Imaginons l'implantation dans le cerveau de nanoprocesseurs, en utilisant les voies sanguines, et leur activation depuis l'intérieur du corps. Des nanobiorobots assureraient la connexion de cette programmation *via* les vaisseaux qui irriguent les neurones et les systèmes de communication internes du corps. C'est ainsi que le cerveau, que l'on sait entraîner à l'autosuggestion, à la méditation transcendantale ou à la programmation de son propre endormissement, pourrait se reprogrammer pour certaines tâches. Une hypothèse qui ressemble aujourd'hui à de la science-fiction, mais que Ray Kurtzweil ne se prive pas de développer: «Vers 2030, l'électronique se servira de circuits de la taille d'une molécule. Ce sera pratique courante que d'avoir des milliards de nanobots [des robots à échelle nanoscopique] parcourant les capillaires du cerveau, communiquant entre eux (moyennant un réseau local sans fils), ainsi qu'avec nos neurones biologiques et avec Internet[1].» Cette reprogrammation s'effectuant de l'extérieur, elle n'est évidemment pas sans risque. Une prise de contrôle – un *hacking* – de nos cerveaux par des personnes ou des organisations mal intentionnées deviendrait possible.

La reprogrammation peut aussi être réalisée de l'intérieur. Tout comme nous acceptons d'être hypnotisés par un praticien, de pratiquer l'autohypnose ou la méditation, nous pourrions reprogrammer nous-mêmes notre cerveau, assistés par l'intelligence artificielle. Cette hypothèse ouvre des voies inquiétantes et passionnantes à la fois. Cela reviendrait à contrôler notre cerveau comme un ordinateur, mais de l'intérieur de notre corps, par notre propre volonté; nous pourrions ainsi lui faire exécuter des tâches apprises *en un instant*, comme si l'on avait téléchargé d'un coup les applications et les

1. Ray Kurzweil, «Le corps humain version 2.0», document LibrosEnRed, 2004, http://www.philosophie-spiritualite.com/documents/kurzweil1.htm; Ray Kurzweil et Terry Grossman, *Serons-nous immortels?*, Dunod, coll. «Quai des sciences», 2006.

algorithmes nécessaires pour effectuer et évaluer des activités complexes.

Stephen Hawking a déclaré que nous devrions « développer au plus vite des techniques rendant possible une connexion directe entre le cerveau et l'ordinateur afin que les cerveaux artificiels contribuent à l'intelligence humaine au lieu de s'y opposer ». Quelques années plus tard, cependant, il a alerté l'humanité sur les dangers de l'IA, qui, risquant de dépasser celle des êtres humains d'ici à quelques décennies, menace de les faire disparaître.

Cet ouvrage entend inviter à poursuivre la voie de l'unité de la nature et de ses codes cachés vers la symbiose homme/cerveau planétaire pour parvenir à l'hyperhumanisme, émergence d'une nouvelle humanité.

CHAPITRE 7

Les voies vers l'hyperhumanisme

Comme nous venons de le voir, tout l'enjeu aujourd'hui consiste à devenir *encore plus humain*, et non à se transformer soi-même en un super robot immortel et supra-intelligent. C'est cela que j'appelle l'hyperhumanisme : le développement dans le cerveau de l'homme de capacités aujourd'hui inhibées par la routine quotidienne, le travail et la pensée machinale. Ce qui est « machinal » doit pouvoir être fait par les machines, de façon à libérer dans notre cerveau des dimensions inexplorées.

Ainsi, la symbiose entre l'homme, le macro-organisme et le cerveau planétaire qu'il est en train de créer, bénéficiant de l'utilisation raisonnée de l'intelligence artificielle, ouvre la voie à une nouvelle étape de l'évolution de l'humanité : une humanité augmentée ou hyperhumanité.

LE TRAVAIL AUX ROBOTS, LA VIE AUX HUMAINS

L'intelligence artificielle, impliquant aussi l'assistance par les robots, peut entraîner des effets positifs analogues à ceux de la machine mécanique. Celle-ci, en libérant l'homme de ce qui est machinal, a permis au cerveau d'investir du temps pour développer la pensée scientifique, artistique, communicante, altruiste, ainsi que ses capacités d'imagination. Malheureusement, il a fallu l'esclavage chez les Égyptiens, les Grecs, les Romains, les Vénitiens et dans d'autres civilisations, avant que les hommes ne soient libérés du travail routinier et puissent s'accorder du temps pour réfléchir, « penser » le monde, créer des œuvres d'art ou des traités scientifiques et philosophiques. De plus, les machines ont aussi permis d'inventer les armes, la guerre, le conflit, et de promouvoir la pulsion du pouvoir – le *Libido Dominandi*, disait Machiavel.

De même, l'explosion du numérique a libéré dans l'homme de nouvelles fonctions. J'estime que l'intelligence artificielle et les robots intelligents, agissant en symbiose avec l'humain dans le macro-organisme planétaire que nous sommes en train de construire ensemble, vont libérer dans nos cerveaux des dimensions encore en partie inhibées aujourd'hui. De telles dimensions de dépassement existent déjà à l'état embryonnaire, sans quoi notre monde serait invivable. J'en appelle à cette vision non pas optimiste, mais réaliste et positive, qui considère que l'humanité peut, malgré tout, évoluer vers un hyperhumanisme nous rendant encore plus humains. Pourtant, il est une question qu'on entend fréquemment : l'homme ne va-t-il pas perdre son caractère humain et se dissoudre dans un «plus grand» que lui, sans tirer avantages ni pouvoirs d'une telle intégration ?

Ma réponse à cette question fait référence à l'intégration des cellules et des organes dans le corps humain. Les 6000 milliards de cellules qui nous constituent (mille fois plus que d'êtres humains sur la planète – sans compter les 100000 milliards de microbes utiles qui habitent notre corps) créent une *société de cellules* qui permet l'émergence de ce que nous sommes en tant qu'êtres vivants. Ces cellules sont individualisées – cellule du foie, du cœur, du rein, du muscle, neurone – et elles ont leur métier et leur fonction. Elles sont «différenciées». On peut les faire revenir à l'état embryonnaire grâce aux techniques des cellules souches embryonnaires, mais elles vivent collectivement en société. Elles participent à la synergie du tout, car leur intégration permet à notre corps de fonctionner de manière cohérente et de communiquer avec l'extérieur. Si l'on prélève une cellule du foie – ou du muscle, ou du rein, ou un globule rouge – et qu'on la cultive dans une boîte de Petri, c'est-à-dire en dehors du corps humain, avec des éléments nutritifs, cette cellule isolée ne contribuera ni à la synergie ni à la socialisation qui concourent aux fonctions du corps et nous constituent en tant qu'êtres humains.

L'HOMME SYMBIOTIQUE SERA ENCORE PLUS HUMAIN

Cette image peut être appliquée au cerveau planétaire et à l'hyperhumanisme. Nous faisons partie d'une entité plus grande que nous, mais nous entrons en symbiose avec elle. Nous sommes encore plus nous-mêmes dans cet être vivant qu'est le macro-organisme planétaire. De la même façon, la cellule – du cœur, du foie, etc. – est bien plus « elle-même » à l'intérieur d'un corps socialisé que lorsqu'elle surnage dans un milieu nutritif dans une boîte de Petri. Ce parallèle montre une nouvelle fois qu'une symbiose conduisant à l'hyperhumanisme pourrait développer *d'autres dimensions du cerveau*, aujourd'hui occultées ou inhibées par la compétition dans un monde organisé pour la survie de l'individu plutôt que pour la coopération, la solidarité, l'altruisme et le partage.

Des études neurobiologiques et sociologiques liées aux médias indiquent que notre cerveau est davantage programmé pour la survie que pour le bonheur. Cela expliquerait la mémorisation plus forte des événements dramatiques que des bonnes nouvelles : dans le cadre de l'évolution darwinienne conduisant à la survie des organismes les mieux adaptés, une telle mémorisation peut nous aider à trouver les moyens de survivre dans le cas où nous serions confrontés à des situations mettant notre vie en péril.

L'approche hyperhumaniste proposée dans ce livre peut nous conduire à devenir encore plus humains au sens de toutes les valeurs humaines, au-delà du transhumanisme, qui prône la capacité et la liberté des humains à modifier leur corps et leur esprit afin d'éliminer les maladies, les défauts et les tares, les dégradations liées au vieillissement et à la déchéance intellectuelle. C'est au contraire vers la symbiose intégrée et collective que doit se diriger l'humanité. Voilà le défi que devront relever les Terriens du IIIe millénaire. Il s'agit de devenir des *suprahumains*.

L'HYPERHUMANITE SERA HYBRIDE, SYMBIOTIQUE ET PERSONNALISANTE

Constituée à la fois de biologique, de mécanique et d'électronique, l'hyperhumanité augmentée sera hybride, comme nous le sommes nous-mêmes devenus, puisque les frontières entre le biologique et le numérique sont en train de s'estomper. Elle sera aussi symbiotique, sur le modèle du corail, comme nous l'avons vu plus haut en faisant le parallèle avec la ville. La symbiose est souvent considérée comme un processus ne pouvant fonctionner que de biologique à biologique. Il me paraît qu'elle peut aussi exister entre le biologique et le non-biologique. La maison automatisée, par exemple, va progressivement devenir symbiotique avec les personnes qui vivent à l'intérieur.

Ainsi, l'hyperhumanité sera à la fois hybride et symbiotique, au sens le plus large de la symbiose. Les organismes mécaniques, électroniques et numériques auront besoin de nous, de même que nous ne pourrons rien accomplir sans eux. La Bourse moderne, même avec les excès du *trading* en temps réel, ne peut exister sans les traders, lesquels ne peuvent travailler sans être en symbiose avec les ordinateurs et se fier à des algorithmes qui rendent pertinentes les prises de position et minimisent les risques. Dans d'autres cas, on peut considérer que les avions modernes ou le personnel d'une usine entièrement automatisée sont en symbiose avec l'organisation mécanique, électronique et numérique qui les guide ou les accompagne.

Dans ce contexte, que devient la notion de personne ? On pourrait assister à une revalorisation de l'humain en tant que personne plutôt que de l'individu fondu dans la foule. Je parle de la personne telle que la concevaient le philosophe et fondateur de la revue *Esprit*, Emmanuel Mounier (1905-1950), et le philosophe Gaston Berger (1896-1960) : la totalité de l'être communiquant, échangeant, correspondant, qui se pose des questions sur le sens de l'humain. La libération de zones de notre cerveau aujourd'hui non utilisées ou mal utilisées contribuera, me semble-t-il, grâce à la symbiose avec les machines électroniques ou les robots, au développement de la force et du caractère unique de la personnalité plutôt qu'à la fusion des individus dans la multitude.

Désormais, une question majeure se pose : l'homme est-il le créateur de son propre avenir à l'intérieur d'un organisme vivant qu'il a construit et dont il constituerait une cellule ou un neurone ? De nombreux scientifiques et philosophes, agnostiques ou athées, considèrent que l'homme serait une sorte d'homme-dieu, doté des pouvoirs que l'on attribue généralement à celui que certains appellent l'architecte de l'univers, ou un planificateur suprême capable de mettre en œuvre un plan, une finalité pour la nature et pour lui-même.

LE MONDE EST-IL UNE ŒUVRE D'ART ET SOMMES-NOUS DES HOMMES-DIEUX ?

Chacun d'entre nous est, en quelque sorte, un homme-dieu dans la mesure où ses capacités de création, d'invention, d'imagination, peuvent bouleverser l'humanité tout entière. Une idée, une personne, une entreprise individuelle multinationale, la « petite phrase » d'une personnalité reprise et amplifiée par les médias et les réseaux sociaux, peuvent voir leurs effets démultipliés et, parfois, contribuer à changer le monde, comme par l'effet d'un code de reprogrammation. Nous allons vivre dans un monde de plus en plus connecté en temps réel : l'opinion et l'émotion publiques mondiales jouent, à ce titre, un rôle de catalyseur dans l'écosystème numérique. Notre pouvoir créatif devient immense en tant que personnes, mais avec des inégalités qui s'accroissent entre les très riches et les très pauvres, entre ceux qui sont dotés de ces outils et ceux qui ne le sont pas. C'est pourquoi le concept d'homme-dieu doit être entendu comme une potentialité, non comme une réalité.

Plutôt que d'homme-dieu, je propose de parler d'homme-créateur et de la création en général. La création est une des plus importantes actions que l'on puisse réaliser dans sa vie. « La vie de tout individu ne pourrait-elle pas être une œuvre d'art[1] ? » s'interrogeait ainsi le philosophe Michel Foucault. L'attitude d'une famille qui éduque ses enfants d'une manière respectueuse de leur individualité fait intervenir des éléments créateurs au même titre que l'œuvre d'un inventeur ou d'un artiste. Le monde lui-même est-il une œuvre d'art ? C'est la question posée par Frank Wilczek, prix Nobel de physique 2004, dans son magnifique livre *A Beautiful Question*[2].

1. Michel Foucault (1926-1984) : « Ce qui m'étonne, c'est le fait que dans notre société l'art est devenu quelque chose qui n'est en rapport qu'avec les objets et non pas avec les individus ou avec la vie [...]. Mais la vie de tout individu ne pourrait-elle pas être une œuvre d'art ? Pourquoi une lampe ou une maison sont-elles des objets d'art et non pas notre vie ? » Cours à l'université de Berkeley, 1983.

2. Frank Wilczek, *A Beautiful Question*, Penguin Press, 2015.

Le plus important, à mes yeux, dans le futur de l'hyperhumanisme, c'est d'être capable de créer sa vie *avec* les autres. La vie est une œuvre de création : on peut se glisser dans la vie, se laisser porter par les événements, subir le futur ou, au contraire, contribuer collectivement à créer l'avenir. Car l'avenir ne survient pas. Il n'arrive pas. Il est tel que nous le ferons, tel que nous le créerons, il est ce à quoi nous contribuerons. Il commence par la création de sa propre vie en lui donnant du sens, ainsi qu'à celle des autres, par la transmission, l'échange, le partage.

Penser sa vie comme une œuvre d'art implique des valeurs de générosité et de solidarité, et probablement aussi des valeurs contribuant à la gestion du temps et de l'information. Lorsque nous observons le tableau d'un grand peintre, nous partageons à la fois la durée et l'instant unique de création de l'artiste. Nous devenons co-créateurs de l'œuvre. Les moteurs de recherche auront beau nous proposer une copie en couleur de la même œuvre, rien ne remplacera jamais le fait de pouvoir admirer l'original. Il y a un croisement unique dans l'espace-temps entre l'artiste, son œuvre et l'observateur. Quand nous contemplons une œuvre picturale, c'est l'instant qui prédomine ; avec une œuvre musicale, c'est la durée.

Ce partage de l'instant ou de la durée est possible avec les autres dans la vie quotidienne, professionnelle ou personnelle. Ce qui est important, c'est d'apporter du temps au temps, de disposer d'un capital temps qui permette d'accumuler de l'information pour bénéficier de ses *intérêts temporels* et les réinvestir afin d'en faire bénéficier les autres. L'hyperhumanisme nous permet de nous concentrer sur l'essentiel et d'occuper le temps économisé pour produire du sens. C'est de cette façon que nous remplirons pleinement notre rôle de co-créateurs de l'avenir du monde et de l'humanité.

Reste la question fondamentale du contrôle de ces développements hyperhumanistes par les hommes : qui peut éviter les dérives ? Allons-nous – pouvons-nous – faire confiance aux machines dans un monde dont la complexité s'accroît de manière exponentielle ?

LES HOMMES VONT-ILS CO-CONSTRUIRE LEUR AVENIR ?

Verrons-nous se réaliser un cybercontrôle du macro-organisme planétaire par les machines intelligentes ? Ce n'est pas mon sentiment. La co-régulation citoyenne me paraît essentielle pour pouvoir détecter ou corriger en temps réel les dérives possibles de cette évolution, dans l'intérêt de l'homme. La mise en place de ces systèmes et de ces réseaux demande de la concertation, de l'écoute, le temps de la réflexion collective. Les outils dont nous nous servons déjà dans nos activités professionnelles ou personnelles doivent nous permettre d'économiser notre temps pour l'investir et le réutiliser à d'autres moments ou pour d'autres échanges.

Les gouvernements pyramidaux, qui imposent leur volonté le temps de leur mandat à la suite d'une élection populaire, ont vécu. À l'échelle sociétale, il va devenir essentiel pour les gouvernements d'encourager une co-régulation citoyenne utilisant les outils présentés dans ce livre – l'intelligence artificielle et l'interconnexion des individus entre eux. Cette co-régulation citoyenne passe par une représentation permanente de l'état du monde dans lequel nous évoluons. La représentation graphique d'informations en temps réel va devenir un outil quotidien sociétal au même titre que, par le passé, les cartes géographiques ont servi aux hommes à conquérir le monde.

Aujourd'hui, nos seuls moyens collectifs de participation sont un bulletin glissé dans l'urne, un référendum, le feed-back des sondages d'opinion et les résultats électoraux proclamés à la télévision ou postés sur les réseaux sociaux. Les technologies numériques et d'affichage graphique peuvent cependant offrir aux citoyens un retour visuel instantané sur les effets de leurs actions collectives, comme sur une sorte de tableau de bord sociétal.

On en voit déjà le germe dans des villes où l'heure, les conditions météo, le trafic ou les cours de la Bourse s'affichent au sommet des gratte-ciel. Dans les villes intelligentes de demain, on disposera d'affichages graphiques en temps réel de nos actions collectives partagées. En outre, des lunettes de réalité augmentée, des signaux portés sur le corps, des vibrations, des messages nous transmettront en temps réel des données importantes qui permettront à chacun d'évaluer la situation dans laquelle il se trouve. C'est la traduction pratique du « point de singularité » : l'écosystème numérique planétaire, lorsqu'il prendra conscience de lui-même, saura nous informer de façon à ce que nous puissions réagir en conséquence et avec les moyens appropriés.

Pour devenir les co-créateurs de leur propre avenir, les hommes devront s'investir de la puissance organisatrice qui a favorisé l'avènement des codes cachés de programmation et de contrôle de la nature. Ils devront intégrer en eux le « divin », comme le proposait Spinoza.

CONCLUSION

Chercher à comprendre le sens secret de la nature

«Ma religion consiste en une humble admiration envers l'esprit supérieur et sans limite qui se révèle dans les plus minces détails que nous puissions percevoir avec nos esprits faibles et fragiles. Cette profonde conviction sentimentale de la présence d'une raison supérieure se révélant dans l'univers, voilà mon idée de Dieu.»

Albert Einstein (1879-1955).

En ouverture de cet ouvrage, j'ai voulu exprimer à quel point les recherches effectuées pour sa rédaction ont été pour moi un émerveillement et une révélation : l'émerveillement de la subtilité, de la beauté, de la diverse complexité des formes et des rythmes de la nature ; et la révélation, inattendue à ce stade de ma vie et de mon expérience de communicateur scientifique, et pourtant opportune, de l'existence d'une force organisatrice ressentie, mais inexplicable dans les termes auxquels je me suis habitué et grâce auxquels j'ai pu créer un lien de vulgarisation et de confiance avec mes lecteurs.

Pour conclure, je voudrais tenter d'expliquer les sentiments résultant de cette expérience personnelle, en espérant parvenir à les partager avec vous.

TOUT CE QUI MONTE, CONVERGE

Ce qui élève l'esprit rapproche les hommes. «Tout ce qui monte, converge», disait Pierre Teilhard de Chardin. Pour lui, l'évolution de la complexité et l'émergence de la conscience signifient: émergence de l'esprit par rapport à la matière. Sans faire la distinction entre l'un et l'autre, il apparaît que la fluidité, la rapidité, la vivacité des échanges de l'esprit par rapport à la matière constituent une forme de conscience de plus en plus libérée des pesanteurs de la matérialité.

C'est ainsi qu'une co-conscience (ou auto-conscience) est en train d'émerger dans l'écosystème numérique que j'ai appelé, dans mes livres précédents, le cerveau planétaire ou le cybionte (construit sur une contraction de cybernétique et de biologie). La vitesse de communication des informations, la culture partagée, l'opinion publique commune, l'intelligence collective révèlent que l'esprit, non pas au sens religieux du terme, mais comme capacité à penser et à échanger rapidement, peut nous libérer progressivement des contraintes matérielles de la communication.

Nous nous dirigeons vers des sociétés de la connaissance. Au cours des dix ou quinze prochaines années, l'échange matériel va se poursuivre et être complété par l'échange de connaissances, de savoir-faire et d'informations. Ajoutés à la capacité d'agir sur les événements en toute conscience personnelle ou collective, ces échanges vont jouer un rôle fondamental dans l'hyperhumanité de demain. Pour l'humanité, dont l'existence a été fondée sur la survie, puis sur la domination guerrière et enfin sur l'échange matériel dans l'économie de marché, il s'agit d'un changement radical. En effet, cette nouvelle aptitude à échanger des connaissances, à établir des rapports de flux plutôt que des rapports de force, modifie profondément la relation entre les êtres humains.

Dans l'imaginaire collectif, notre monde est régi par les conflits, la crainte du terrorisme, les inégalités... Cette image et la réalité violente qui l'accompagne vont persister dans le contexte de l'hyperhumanisme à venir. Toutefois, une représentation complémentaire émerge : celle d'un espoir fondé sur l'échange des connaissances prenant à contrepied la vision catastrophiste du monde. Un espoir que nous pouvons rendre bien réel.

Pour ma part, sans me définir comme optimiste ni pessimiste, je préfère parler de vision positive, réaliste et constructive du monde qui vient. Ce monde positif est en effet une potentialité. C'est toute la différence entre le potentiel, l'actuel et le virtuel. La potentialité de vision positive du monde est un parti pris, une incitation à agir, alors que le pessimisme et le scepticisme sont paralysants pour l'action. Envisager un monde que l'on peut changer, sur lequel on peut agir, dans lequel on peut partager grâce à la transformation individuelle conduisant à une transformation collective, participe de l'hyperhumanisme que j'ai décrit. Comme nous l'avons vu, celui-ci renforce l'humanité qui est en nous et, contre toute attente, nous révèle encore plus humains dans nos capacités, nos fonctionnalités et nos potentiels.

Avec ce livre, j'espère avoir attiré l'attention des lecteurs sur l'espoir que représente pour l'humanité la compréhension du sens caché de la nature, de cette unité qui réside dans les « trucs » de la nature et ses codes, invisibles mais réutilisés indéfiniment. Dans la célèbre tapisserie *La Dame à la licorne*, du début du XVIe siècle, la beauté de l'œuvre, ses formes et ses couleurs sont immédiatement perceptibles. L'observateur en comprend aussitôt le sens. C'est ainsi que ceux qui ont le don ou la chance de croire en une entité supérieure, immanente ou transcendante, voient l'univers et le monde autour d'eux. Comme s'ils contemplaient *La Dame à la licorne*, les croyants ont une explication simple de l'évolution de l'humanité. Les scientifiques, eux, tentent de révéler ou de suivre les fils cachés derrière la tapisserie, pour eux la seule partie visible de l'œuvre. Ils cherchent à comprendre les « astuces » de l'artiste, en l'occurrence les « tours » de la nature.

UNE PUISSANCE ORGANISATRICE INCOMPRÉHENSIBLE

Au fil de la rédaction de ce livre, j'ai fait une découverte à la fois personnelle et globale : l'unité de la nature est non seulement un mystère qui interroge le scientifique que je suis, mais aussi un ordre caché impossible à appréhender dans sa totalité. La volonté de simplement communiquer sur l'existence de ce mystère et de ses particularités a suffi pour que j'en fasse le sujet d'un livre. Pour autant, je ne me suis pas senti tenu d'expliquer le « pourquoi » de cet ordre caché, qui échappe toujours au scientifique que je suis. Le lecteur a peut-être senti, au fil des chapitres, la référence implicite à une puissance organisatrice incompréhensible, mais bien présente à travers les formes surprenantes de la nature et ses rythmes périodiques. Des symboles à l'origine d'une quête qui dure depuis des millénaires.

Les hommes ont toujours été fascinés par la beauté et la complexité de l'univers. Nombreux sont les philosophes et les scientifiques de l'Antiquité qui se sont posé les mêmes questions que nous aujourd'hui sur l'ordre naturel et son harmonie. Même s'ils percevaient des éléments contraires à une vision harmonieuse du monde (le mal, la destruction, les guerres, la mort des proches, les injustices, les inégalités), chacun d'eux a continué, dans ses œuvres et dans sa vie, de décrire ou d'exprimer ce qu'il ressentait. Les exemples sur lesquels je me suis appuyé ici (suite de Fibonacci, nombre d'or, formes de Turing, fractales, oscillations périodiques, autorégulations, autoorganisations, cerveau planétaire…) montrent bien que tous ces chercheurs avaient eu l'intuition, il y a plusieurs siècles déjà, que l'unité de la nature se dévoilait à nous sous différentes formes.

Mettre au jour et trier les fils, proposer une explication de leurs enchevêtrements, c'est aussi ce que j'ai tenté de faire dans ce livre. Cette prise de conscience de l'unité de la nature peut nous permettre de réussir, ensemble, à construire collectivement l'avenir. Tel est mon message.

UNITÉ ET FLUIDITÉ DE L'UNIVERS

Les spiritualités orientales ont toujours mis l'accent sur l'unité de l'univers et l'interdépendance des phénomènes qui s'y déroulent. Devenir conscient de cette unité et de la corrélation de toutes choses permet d'atteindre la lumière, l'illumination. Dans la conception orientale, la division de la nature en objets distincts est une illusion. Pour le bouddhiste, même si nous percevons les choses qui nous entourent comme séparées de nous, la dimension de notre vie fait un avec l'univers. Il n'y a pas de distinction entre soi et son environnement. Le Dharma, ou enseignement du Bouddha, a une dimension scientifique et expérimentale. Ce n'est pas l'affirmation d'une vérité, mais l'expression de ce que nous sommes et vivons : c'est une science de l'expérience dont la pratique et l'intelligence sont libératrices. Tout a un caractère perpétuellement changeant et fluide. La vision du Dharma est dynamique. Ses caractéristiques essentielles sont le temps et le changement.

Comment interpréter l'étonnante constance de ces spiritualités, leur force de questionnement, s'inscrivant hors des pensées religieuses dominantes de leurs époques ? Il n'est pas nécessaire de rappeler ici à quel point l'idéologie religieuse a inhibé toute réflexion ou pensée individuelle indépendante dès lors qu'elle cherchait à s'affranchir d'elle pour mieux comprendre ou interpréter l'ordre et la beauté de la nature. Nous connaissons le sort réservé aux hérétiques, qu'ils soient cathares ou gnostiques, et, plus largement, à tous ceux qui, au fil des siècles, ont tenté de penser le monde en dehors du dogme religieux. Autant le dire une fois pour toutes : ce que je critique dans l'approche religieuse traditionnelle, quelle que soit la religion, c'est le dogme, le rite qui enferme (générateur de punitions pour ceux qui s'en éloignent), les pratiques contraignantes et, parfois, le fanatisme.

La recherche scientifique permet d'expliquer certains éléments du mystère de l'évolution de la matière et de la vie. Newton, Maxwell, Einstein et d'autres grands physiciens ont mis au jour nombre de phénomènes qui ont aidé à construire le monde d'aujourd'hui. Darwin, Pasteur, Monod et d'autres grands biologistes ont permis de mieux comprendre l'évolution vers la complexité croissante par mutations et sélection naturelle, ainsi que le fonctionnement des microbes ou de la cellule vivante. Si je refuse tout *a priori* religieux pour décrire l'unité de la nature, je n'en respecte pas moins l'approche de ceux qui croient en une création ou en un créateur de toutes choses. La tolérance consiste justement, pour la personne athée ou agnostique, à faire preuve d'ouverture d'esprit à l'égard de ceux qui ont la foi.

Il faut aussi reconnaître les apports des recherches de nature spirituelle et philosophique. Abordant les phénomènes du monde et de la vie dans le cadre d'une interprétation plus générale, elles recoupent les notions évoquées par les grands philosophes, voire les religions traditionnelles. Dans mon esprit, cette quête ne se limite pas à une approche égoïste ou égocentrique. En effet, il ne s'agit pas de donner du sens seulement à sa propre vie, mais de partager avec d'autres ce qui peut apparaître comme des phénomènes transcendants, immanents ou émergents.

TRANSCENDANCE, IMMANENCE, ÉMERGENCE

Je m'attarderai plus particulièrement sur les phénomènes émergents. À la différence de la transcendance, souvent assimilée à celle des religions révélées (au-delà des phénomènes observés), ce qui est immanent se situe dans le cadre de la nature des choses. L'immanence reste donc accessible grâce à la connaissance. Les propriétés émergentes sont issues de l'auto-organisation. Mon approche s'associe donc davantage à l'émergence qu'à la transcendance ou à l'immanence. Comme je l'ai décrit, l'évolution symbiotique conduit à la complexification de la matière vers des états d'organisation permettant l'émergence de la vie, puis de la pensée réfléchie. Un phénomène scientifiquement adapté à l'observation et à l'interprétation de ce que j'appelle l'unité de la nature.

À quelles nouvelles propriétés peut donc conduire le phénomène d'émergence ? Pour Teilhard de Chardin, on l'a vu, la complexification de la matière conduit progressivement à l'émergence de l'esprit libéré de la matérialité. Cette évolution converge vers ce qu'il appelle le point Oméga, qui, pour lui, est le symbole de Dieu – le Dieu de la religion chrétienne, et même celui de la parousie de Saint-Paul. Pour le scientifique, même si les évolutions symbiotiques conduisant à l'émergence de propriétés nouvelles débouchent sur la prépondérance de l'esprit sur la matière, il ne saurait évidemment être question de faire appel à une entité de nature divine. En réalité, de manière analogue à des hommes-dieux, nous internalisons le concept du « divin » en nous-mêmes en transformant la matière et en créant une œuvre globale qui n'est autre que la poursuite de l'unité de la nature. Des hommes-dieux qui assurent le relais de l'évolution vers plus de complexité, en interaction les uns avec les autres, dans le cadre des nouvelles sociétés de communication, d'échange et de partage.

Cette vision évolutive peut être enrichie par celles qu'ont développées les physiciens contemporains qui étudient la formation de la matière dans l'univers et l'évolution de ce même univers en expansion. Tout le monde connaît la théorie du Big Bang, d'après laquelle, en un instant très court, une explosion d'énergie et de lumière a conduit à la formation de tous les atomes qui constituent la matière et, par suite, la vie et la pensée réfléchie. On pourrait rapprocher le Big Bang et le point Oméga. Si le Big Bang est comparable à une *explosion*, le point Oméga serait analogue à une *implosion*. D'un côté une explosion d'énergie, de l'autre une implosion d'esprit, l'ensemble étant globalement lié au temps et à la durée. Dans le premier cas, une durée infinie qui se développe à partir d'instants très courts. Dans le second, une durée infinie qui se contracte et se condense au rythme accéléré de l'évolution exponentielle de la matière, de la vie, des techniques et de l'humanité dans son ensemble. Mais il peut aussi exister une durée contractée dans l'évolution de l'esprit planétaire. En d'autres termes, la densité et l'intensité de l'instant pourraient être une forme d'éternité laissant aussi sa place à l'amour. « L'amour ne veut pas la durée, il veut l'instant et l'éternité », disait Friedrich Nietzsche. Un précepte que nous retrouvons dans l'enseignement védique : *L'éternité peut exister dans l'intensité de l'instant.*

Revenons à la métaphore de *La Dame à la licorne* : il est possible de déduire de l'enchevêtrement des fils colorés au dos de la tapisserie la signification de la représentation vue de face. D'une manière analogue, les scientifiques cherchent à comprendre l'enchaînement des phénomènes qui permettent de passer d'une étape de complexité à une autre à partir du Big Bang. Ils s'inscrivent dans une logique d'interprétation, de recherche, de partage de leurs résultats et de validation de leurs hypothèses. De l'autre côté, face aux motifs de la tapisserie-monde, l'observateur interprète, en suivant la logique des évolutions et des émergences, les propriétés et les qualités de l'homme et de l'humanité. Les croyants (ceux qui ont la foi) estiment alors que tout est clair, compréhensible et justifiable, surtout si chacun participe en tenant compte des valeurs et des principes édictés par les religions traditionnelles. C'est ainsi qu'émergent plusieurs modèles de ce que l'on peut appeler, pour simplifier et en quatre lettres, d.i.e.u – grand architecte de l'univers pour les uns, force organisatrice, créateur et concepteur de tout ce qui existe pour les autres.

Pour terminer, je voudrais évoquer des philosophes, des scientifiques, des romanciers et des poètes qui ont balisé mes chemins de recherches et stimulé ma volonté de transmission des connaissances.

UNITÉ DE LA NATURE : DE SPINOZA À EINSTEIN

Ma conception de l'unité de la nature, de ce qu'elle cache comme signification profonde, se rapproche de celles de Spinoza ou d'Einstein. Pour Spinoza, Dieu n'est pas extérieur à la nature. Il est la Nature. Spinoza défend un panthéisme matérialiste. Selon lui, on peut comprendre la nature des choses : « La nature est toujours la même, et a partout une seule et même vertu et puissance d'agir ; c'est-à-dire les lois et les règles de la nature, selon lesquelles tout se fait et passe d'une forme dans une autre, sont partout et toujours les mêmes, et par suite il ne doit y avoir également qu'une seule et même façon de comprendre la nature des choses […] à savoir par les lois et règles universelles de la nature [1]. » Ce qui a conduit

1. Baruch Spinoza, *Éthique III*, préface.

Einstein à déclarer : « Je suis fasciné par le panthéisme de Spinoza, mais j'admire plus encore sa contribution à la pensée moderne, parce qu'il est le premier philosophe qui traite l'esprit et le corps comme unité, et non comme deux choses séparées[1]. » Ajoutant plus tard : « Cette conviction, liée à un sentiment profond d'une raison supérieure se dévoilant dans le monde de l'expérience, traduit pour moi l'idée de Dieu[2]. »

Pour Spinoza, il ne s'agit pas de parler de Dieu avec un grand D, comme s'il s'agissait d'une personne, mais plutôt d'évoquer le « principe divin » à l'origine de tout et co-présent dans toutes les créatures. Pour le dire simplement, c'est en internalisant ce principe divin dans l'homme que Spinoza fonde son sentiment de liberté. Ainsi, le Dieu de Spinoza n'est pas celui de la religion qui juge et punit les hommes, mais plutôt cette puissance qui persévère à travers tous les êtres.

Einstein lui-même ne disait-il pas : « Je crois au Dieu de Spinoza qui se révèle dans l'ordre harmonieux de ce qui existe, et non en un Dieu qui se préoccupe du sort et des actions des êtres humains » ? Et il ajoutait, lorsqu'on lui posait la question de sa croyance en Dieu ou en une entité supérieure : « Définissez-moi d'abord ce que vous entendez par Dieu et je vous dirai si j'y crois. » De fait, cette question se pose au scientifique : comment croire à un concept aussi flou, intangible, insaisissable, que le Dieu de la religion ? L'imagerie populaire y a répondu

1. Albert Einstein, interview publiée dans G. S. Viereck, *Glimpses of the Great*, The Macaulay Company, 1930.

2. Albert Einstein, *Comment je vois le monde* [1934], Flammarion, coll. « Champs », 1989.

simplement en le personnalisant sous la forme d'un être humain résidant « dans les cieux »…

LA FORCE DES MOTS : ROMANCIERS, POÈTES, SCIENTIFIQUES, PHILOSOPHES

Agnostique, le romancier Jean d'Ormesson estime que « la seule question est Dieu, qu'il existe ou n'existe pas ». Il ajoute : « Face au mystère de la création, il m'a toujours paru impossible de s'en tenir aux certitudes. » De manière étonnante, son approche de romancier est capable de traduire en langage quotidien les notions d'absolu, d'éternité ou de néant. Interrogé par un grand quotidien, il déclarait : « Je n'ai jamais été très pieux, mais face aux mystères de l'existence, j'ai toujours manifesté un sentiment d'étonnement. Je suis étonné d'être en vie, je n'en reviens pas que le soleil se lève le matin ; je suis stupéfait d'écouter l'andante du Concerto 21 de Mozart. L'éternité, le temps, l'histoire me remplissent d'étonnement[1]. » Son livre *Comme un chant d'espérance*[2] va parfois plus loin que certains grands penseurs de la métaphysique. Il y écrit, sur le temps et la lumière : « Presque autant que le temps, moins cruelle, plus tendre, moins secrète et moins mystérieuse, mais tout aussi répandue à travers l'univers, la lumière m'a toujours semblé murmurer en silence quelque chose de Dieu. »

1. « Jean d'Ormesson : Croire en Dieu, on aurait tort de s'en priver… », *Le Figaro*, 12 juin 2014.

2. Jean d'Ormesson, *Comme un chant d'espérance*, Éditions Héloïse d'Ormesson, 2014.

Sur ce grand thème, le langage des poètes m'émeut autant que celui des romanciers, surtout lorsqu'il évoque un plus grand que soi :

Quand je suis parmi vous, arbres de ces grands bois,
Dans tout ce qui m'entoure et me cache à la fois,
Dans votre solitude où je rentre en moi-même,
Je sens quelqu'un de grand qui m'écoute et qui m'aime[1] !

On retrouve une approche analogue à celle d'Einstein chez le scientifique et philosophe Henri Atlan. À la question : « Êtes-vous croyant ? », il répond : « La question "croyant en quoi" ne se pose jamais. Si vous dites oui, c'est que vous croyez en Dieu, si vous dites non, c'est que vous êtes athée. J'ai pris le parti de dire non, par facilité. Je crois au Dieu de Spinoza, en fait. » Dans son beau livre *Croyances*, Atlan précise : « Devant ce règne de croyances et de superstitions contradictoires qui nous assaillent avec plus ou moins de force, céder à la tentation du scepticisme – ne croire en rien et ne rien croire – n'est pas la solution, car c'est tout simplement impossible : ne serait-ce qu'en raison de notre existence dans le temps qui nous force à imaginer, sinon à planifier, un futur auquel nous sommes bien forcés de croire peu ou prou de façon pratique, dans nos comportements, même si nous n'éprouvons pas le besoin de les justifier en les théorisant[2]. »

Imaginer ce futur et tenter de le planifier est justement l'approche que j'ai privilégiée dans ce livre, en montrant comment la poursuite de la voie éclairée par l'unité de

1. Victor Hugo, « Aux arbres », in *Les Contemplations*, 1856.
2. Henri Atlan, *Croyances*, Autrement, 2014.

la nature est renforcée par le sentiment d'internalisation « d'une puissance qui persévère à travers tous les êtres » (Spinoza). Quand je parle, dans ce livre, d'unité de la nature, ou même d'une sorte de principe unificateur, je fais un pari métaphysique personnel. Cela me permet de rassembler des idées, des faits, de donner une cohérence à des observations, à des résultats d'expériences ou à des pratiques. Je n'aborde pas ces concepts en excluant *a priori*, par une approche volontairement agnostique, toute autre réflexion qui aborderait la notion d'un principe unificateur.

C'est pourquoi ma démarche n'est pas éloignée de celle de la physique moderne, en particulier de la physique quantique, qui apporte la preuve que l'observateur et le phénomène observé sont interdépendants. La physique quantique offre une représentation du monde qui n'est pas éloignée de la vision bouddhiste. Ainsi, chaque partie du monde porte en elle la totalité du monde, et de chaque partie du monde dépend tout le reste. Chaque nœud, chaque lien, a une influence sur la totalité de l'écosystème auquel il appartient, mais, en le modifiant par son action, il est, par voie de conséquence, lui-même changé en raison de la transformation de son écosystème. On parle alors de coévolution.

C'est pourquoi j'estime que la coévolution de la pensée et de l'émergence de l'esprit créent progressivement une image attachée à l'unité de la nature que chacun peut, selon son approche personnelle ou sa croyance, associer à l'image de ce que certains appellent Dieu. Dans son livre *Pour en finir avec Dieu*[1], qui constitue une étape

1. Richard Dawkins, *Pour en finir avec Dieu*, Perrin, coll. « Tempus », 2009.

fondamentale dans la réflexion des scientifiques sur un principe unificateur de la nature, le Britannique Richard Dawkins montre comment l'intégrisme des idéologies religieuses a conduit, de par le monde, à des catastrophes. Ces catastrophes ont des conséquences non seulement sur l'évolution de la pensée rationnelle et indépendante, mais aussi sur les libertés humaines, voire sur la vie des hommes. L'attitude de l'auteur n'en demeure pas moins ouverte et tolérante à l'égard des croyants. Dans une interview à la BBC, il déclarait : « Si vous trouvez qu'un arc-en-ciel représente une beauté cachée ; que les couleurs des ailes d'un papillon ou celles de la queue du paon sont des merveilles de la nature ; que la pollinisation des fleurs par les abeilles et la migration des oiseaux pour se reproduire dans des pays éloignés constituent l'exécution d'un programme caché et répétitif et si vous souhaitez appeler ces différents phénomènes et mystères du nom de "Dieu", cela ne me pose aucun problème. C'est votre choix et je le respecte. »

C'est aussi l'approche ouverte et tolérante du philosophe André Comte-Sponville dans son livre *L'Esprit de l'athéisme*[1]. Selon lui, les athées doivent inventer une spiritualité en accord avec la laïcité, surtout dans le contexte du retour du dogmatisme et de l'intégrisme : « Être athée, ce n'est pas une raison pour être amnésique. L'humanité est une : la religion en fait partie, l'irréligion aussi, et ni l'une ni l'autre n'y suffisent. »

1. André Comte-Sponville, *L'Esprit de l'athéisme. Introduction à une spiritualité sans Dieu,* Albin Michel 2008.

A travers le présent ouvrage, fruit de mes recherches et de mes questionnements, j'ai souhaité décrire le mystère de l'unité de la nature pour ouvrir les esprits à des approches libérées des dogmes scientifiques ou religieux. J'ai cherché à montrer que la liberté humaine pouvait s'exercer à travers son interprétation de l'univers, sa capacité à créer et à construire les prochaines étapes de sa vie et de l'humanité. Si nous nous sommes transformés en hommes-dieux en internalisant le divin, ainsi que le suggère Spinoza, nous pouvons poursuivre et même catalyser l'unification de la nature dans le sens déjà engagé de la complexification de la matière et de l'esprit avec émergence de propriétés nouvelles. Une évolution qui a vu l'émergence de la vie, de la pensée réfléchie, d'un cerveau planétaire et d'une pensée globale en train de prendre conscience d'elle-même.

C'est à ce phénomène bouleversant, qui dépasse toutes les constructions politiques ou idéologiques, que nous devons consacrer notre énergie pour construire et co-créer, dans le respect des libertés humaines et d'une pensée affranchie, le monde de demain.

REMERCIEMENTS

Je voudrais remercier, pour leur aide dans la documentation, la rédaction et la relecture du manuscrit, Stella de Rosnay, co-auteur avec moi de *La Malbouffe* et de *Branchez-vous*, pour ses critiques constructives et son rôle de candide éclairée, et Danielle Gil, assistante toujours connectée, positive et pragmatique dans ses remarques. Mes remerciements vont également, pour leurs précieux conseils, commentaires, relectures successives et détaillées du projet de livre, à Véronique Anger, éditrice de *2020 : les scénarios du futur*, Présidente fondatrice du Forum Changer d'ère ; Henri Trubert, éditeur de ce livre aux Liens qui libèrent, maison dont il est le cofondateur ; Yves Cumunel, Laurent Schwartz et Jean Zin, pour leurs remarques et observations pertinentes ; ainsi que Tatiana de Rosnay, Nicolas Jolly, Thierry Moulonguet, Gilles Babinet, Alexis Maurice, Adrien Aumont, Jean-Baptiste Corteel et Benjamin Benita, pour leur participation à des discussions préalables à la rédaction et leurs avis sur des chapitres en cours d'écriture.

Table

DU MÊME AUTEUR

LES ORIGINES DE LA VIE. DE L'ATOME À LA CELLULE, Le Seuil, 1966.

LE MACROSCOPE. VERS UNE VISION GLOBALE (prix de l'Académie des sciences morales et politiques), Le Seuil, 1975.

LA MALBOUFFE. COMMENT SE NOURRIR POUR MIEUX VIVRE, avec Stella de Rosnay, éditions Olivier Orban, 1979.

LES CHEMINS DE LA VIE, Le Seuil, 1983.

BRANCHEZ-VOUS (grand prix de la Littérature micro-informatique grand public 1985), avec Stella de Rosnay, éditions Olivier Orban, 1984.

LE CERVEAU PLANÉTAIRE, éditions Olivier Orban, 1986.

L'AVENTURE DU VIVANT, Le Seuil, 1988.

L'AVENIR EN DIRECT, Fayard, 1989.

LES RENDEZ-VOUS DU FUTUR, Fayard / Éditions n° 1, 1991.

L'HOMME SYMBIOTIQUE. REGARDS SUR LE TROISIÈME MILLÉNAIRE, Le Seuil, 1995.

LA PLUS BELLE HISTOIRE DU MONDE. LES SECRETS DE NOS ORIGINES, avec Hubert Reeves, Yves Coppens et Dominique Simonnet, Le Seuil, 1996.

UNE VIE EN PLUS. LA LONGÉVITÉ, POUR QUOI FAIRE ?, avec François de Closets, Jean-Louis Servan-Schreiber et Dominique Simonnet, Le Seuil, 2005.

LA RÉVOLTE DU PRONÉTARIAT. DES MASS MEDIA AUX MEDIA DES MASSES, Fayard, coll. "Transversales", 2006.

2020, LES SCÉNARIOS DU FUTUR. COMPRENDRE LE MONDE QUI VIENT, Fayard, 2008.

ET L'HOMME CRÉA LA VIE… LA FOLLE AVENTURE DES ARCHITECTES ET DES BRICOLEURS DU VIVANT, Les Liens qui libèrent, 2010 ; Babel n° 1076.

SURFER LA VIE. COMMENT SUR-VIVRE DANS LA SOCIÉTÉ FLUIDE, Les Liens qui libèrent, 2012 ; Babel n° 1145.

JE CHERCHE À COMPRENDRE. LES CODES CACHÉS DE LA NATURE, Les Liens qui libèrent, 2016 ; Babel n° 1567.

LA SYMPHONIE DU VIVANT. COMMENT L'ÉPIGÉNÉTIQUE VA CHANGER VOTRE VIE, Les Liens qui libèrent, 2018.

OUVRAGE RÉALISÉ
PAR L'ATELIER GRAPHIQUE ACTES SUD
REPRODUIT ET ACHEVÉ D'IMPRIMER
EN JUILLET 2018
PAR NORMANDIE ROTO IMPRESSION S.A.S.
À LONRAI
POUR LE COMPTE DES ÉDITIONS
ACTES SUD
LE MÉJAN
PLACE NINA-BERBEROVA
13200 ARLES

DÉPÔT LÉGAL
1re ÉDITION : AOÛT 2018
N° impr. : 1802104
(Imprimé en France)